学生语文 新课标 必读丛书

SENLINBAOCHUN

【苏】比安基⊙著　丁彦明⊙编译

森林报·春

吉林出版集团有限责任公司

图书在版编目（CIP）数据

森林报·春/（苏）比安基著；丁彦明编译.—长春：吉林出版集团有限责任公司，2012.7

ISBN 978 - 7 - 5463 - 9836 - 5

Ⅰ．①森…　Ⅱ．①比…②丁…　Ⅲ．①森林 - 普及读物　Ⅳ．①S7 - 49

中国版本图书馆 CIP 数据核字（2012）第 127684 号

书　　名	森林报·春	
著　　者	（苏）比安基	
编　　译	丁彦明	
责任编辑	赵小星	
出　　版	吉林出版集团有限责任公司（长春市人民大街4646号　邮编：130021）	
发　　行	江苏可一出版物发行集团有限公司	
印　　刷	三河市杨庄双菱印刷厂	
开　　本	710×960 毫米　1/16	
印　　张	14	
字　　数	160 千字	
版　　次	2012 年 7 月第 1 版　2012 年 8 月第 2 次印刷	
书　　号	ISBN 978 - 7 - 5463 - 9836 - 5	
定　　价	21.80 元	

（如有印装质量问题请与承印厂调换。联系电话：010 - 86665450）

前　言

　　文学名著是人类文明与智慧的结晶，具有无穷的思想价值和艺术魅力，是每个人一生中都不应错过的灵魂驿站。它是经过了岁月的洗礼，沙里淘金留下的精华，是人类文化长河中一颗颗璀璨的珍珠。它们交相辉映，构筑起世界文学的殿堂。

　　文学是高贵而迷人的，它既揭露生活的丑恶，也呈现人生的美好。阅读文学名著，就是要感受"艺术的魅力"，开发"想象力"，培育"炽烈"的情感和"博大"的情怀，学会以审美的眼光去读作品、看世界、认识人生。读一本名著，实际上是在读一种文化，一种思想。通过阅读这些名著，我们可以借助文学家、思想家透彻而敏锐的视角去解剖历史，去诠释文化，去感读他们的灵魂。

　　此套文学名著从几千年来的中外文学名著中采撷菁华，筛选出了文学作品近百部，其中包括小说、戏剧、诗歌、散文等多种体裁。选目科学、权威，它们的创作者无一不是各个时代文学与思想的领军人物，无一不是足以使世界为之惊叹的文坛巨匠、思想巨擘。这些举世闻名的作品，有的是历尽作者毕生心血的鸿篇巨制，有的是指引时代的思想标航，有的是千年传承的智慧箴言，有的是扣人心弦的生花之笔。无论哪一部作品都是经历了几代人乃至几十代人的审视和思考，都是经历了几十年甚至千百年文化的渲染与沉淀，它们永远不会过时，反而历久弥新。此外，此套文学名著还结合了青少年读者的特点，精心设置了文章导读、内容思考等栏目，以此深入浅出地引导广大青少年读者走进名著的神圣殿堂。

毋庸置疑，此套文学名著必定是一套人文素质"教科书"。编者力图在抓住作品精髓的基础上，对爱好文学的青少年朋友们能有所启示。本套名著不仅会受到文学爱好者的青睐，同时更是将《新课标》的指导内容贯穿始终的优秀的青少年读物，相信它一定能让热爱文学的高中小学生们体会到"博"而"精"的阅读乐趣。

　　此套名著的编选，挂一漏万，也会有许多不足之处，敬请广大读者谅解。

2010 年 1 月

百位推荐教师信息表

特级教师

陈一鸣　高中语文特级教师　江苏省泗阳中学高一

评语：同学们，打开《学生语文新课标必读丛书》，你会驻足领略到数千年来人类思想、文化史上的那一道道靓丽的风光，与圣贤对话；你会感悟到解说这些风光的师长们的慧眼所在，学会读书。但愿你能从中获得与智者对话而带来的快乐！

周儒岳　特级教师　四川省会理第一中学

评语：阅读《学生语文新课标必读丛书》，沐浴在文化的馨香里，你会忍不住激情澎湃；蕴藉于思想的缥缈中，你会获得安慰与从容。智慧与思维，思维与智慧，愿这套丛书给你插上飞翔的翅膀。

吴庆林　特级教师　山东省鱼台县唐马中心中学七年级三班

评语：阅读是一种生活方式，好书是促进生命成长的必需品。《学生语文新课标必读丛书》，选文重视经典、贴近生活实际，内容注重综合性，文体上注重多样性，体例上注重实用性。读《丛书》，与经典同行，尽享文化盛宴，感受中外文明及蓬勃的文化活力，埋下一颗文学的种子。

黄少华　特级教师　江西都昌蔡岭慈济中学高三（7）班

评语：开启智慧，愉快而高效地学习！《学生语文新课标必读丛书》为你在书海遨游导航！高尔基说："书籍是人类进步的阶梯"，作为瀚如烟海的书籍的统帅和精华，《学生语文新课标必读丛书》它不仅能够提高我们的知识积累，还能使我们明确人生的方向！

孙瑞欣　特级教师　河北省遵化市教师进修学校

评语：同学们，打开《学生语文新课标必读丛书》，你会驻足领略到数千年来人类思想、文化史上的那一道道靓丽的风光，与圣贤对话；你会感悟到解说这些风光的师长们的慧眼所在，学会读书。但愿你能从中获得与智者对话而带来的快乐！

优秀教师

河北省怀来县存中学 101 班

评语：丛书通过导读、思考问答，引导我们和帮助我们更好地理解名著的内涵；更快地掌握词的含义，是我们学习的好助手。

徐秀荣

山东省临沭县古龙中学九班 12 班

评语：《学生语文新课标必读丛书》重塑你的心灵，给你飞翔的翅膀，让你读的愉快，学的轻松。

王绪春

山东省泰安市第二十一中学八年级七班

评语：本书所选，囊括了古今中外的名家名作，一本在手，其乐融融。与大师对话，受益无穷。

李兴洋

湖南省新化县第二中学 323 班

评语：学好语文的根本途径在于多读多积累，《学生语文新课标必读丛书》是一把揭开语文宝库的金钥匙。

伍福常

刘书飞　　安徽省怀远县第三中学 2260 班
评语：《学生语文新课标必读丛书》，为你插上理想的翅膀，是梦想花开的彼岸。

王　芳　　山东省东平县接山镇中心小学 1 年级 1 班
评语：《学生语文新课标必读丛书》，牵手一时，享用一世。同学们，让我们在书香氤氲中成长，成功，快乐，幸福！

赵坤虎　　山东省枣庄市第十一中学九年级一班
评语：《学生语文新课标必读丛书》，带你走进文学的殿堂，为你插上飞翔的翅膀。

庞振军　　河北省香河县第三中学高三 6 班
评语：在阅读中学习，在阅读中成长，《学生语文新课标必读丛书》将伴你迈向知识的殿堂，走向成功的彼岸。

张　伟　　辽宁省法库县登仕堡学校
评语：开卷有益，快乐阅读，《学生语文新课标必读丛书》，会是青少年朋友成长道路上的良师益友！

李辰哲　　陕西省韩城象山中学高三（15）班
评语：一本好书，就是一盏指路明灯，可以发人深思，启迪智慧。《学生语文新课标必读丛书》是你的良师益友，指路明灯。

王良杰　　山东省济阳县实验中学八年级 7 班
评语：阅读中外名著，汲取文化精髓，《学生语文新课标必读丛书》，帮你塑造精彩人生。

刘佳杰　　广东省中山市中山纪念中学高二 8 班
评语：采得百花酿好蜜，操得千曲后晓声，《学生语文新课标必读丛书》，想要学好语文的你，值得拥有！

孙　健　　山东枣庄东方国际学校
评语：《学生语文新课标必读丛书》，让你开阔眼界、增长知识。愿您在丛书的百花园里采撷最丰硕的花果。

张振广　　河北省馆陶一中文科自主班
评语：读中外经典，塑中华英才，《学生语文新课标必读丛书》助你一臂之力。

韩建刚　　山东省枣庄市第十一中学八、二班
评语：涉猎群书，开阔视野，《学生语文新课标必读丛书》，你的成长伴侣，一路风雨相随，伴你抵达成功的彼岸。

刘水强　　江西省赣县中学南校区高三 C501、C707 班
评语：《学生语文新课标必读丛书》——您无悔的选择！

谭艳辉　　江苏省宿迁市宿城区南蔡实验学校
评语：课外阅读，因你而精彩。《学生语文新课标必读丛书》是你学习语文的好帮手。

王翠玲　　山东省乳山市冯家镇中心小学四、一班
评语：《学生语文新课标必读丛书》内容丰富，形式活泼，融知识性和趣味性于一体，是你成长、成才路上的良师益友。

赵文涛　　河北省鸡泽县实验中学七年级五班
评语：紧扣新课标，拓宽阅读视野，《学生语文新课标必读丛书》，学生的"良师益友"，教师的"阅读大餐"

杨岁虎　　甘肃省甘谷县第三中学高三 14 班
评语：经典涵养人生，名著提升品位。愿书香陪伴我们成长的一生，陪伴发展的一生。

彭武阳 湖南邵阳县谷洲中学 156 班 **评语**：品味经典，增长才智，《学生语文新课标必读丛书》，你的灵魂导师，带你开启饕餮的阅读盛宴。	**张来志** 山东省高密市立新中学七年级 2 班 **评语**：《学生语文新课标必读丛书》——为你解疑释惑，帮你夯实基础、提高能力，绝对是你的良师益友。
陈修斌 江苏省赣榆高级中学高三（7）班 **评语**：一套引领你慢慢登上阅读顶峰的丛书；这就是——《学生语文新课标必读丛书》。	**童金钟** 湖北省黄冈市浠水实验高中 **评语**：与书为伴，终生受益。读《学生语文新课标必读丛书》，享受读书的快乐，享受生活的快乐。
余小玲 江西抚州市宜黄县东陂中学八 1 班 **评语**：在阅读中拓宽视野，在阅读中启迪智慧。《学生语文新课标必读丛书》，你成长中的快乐伴侣。	**谢裕梅** 天津市瑞景中学高一 6 班 **评语**：阅读名著，阅读经典，《学生语文新课标必读丛书》，带你体验神奇的阅读之旅，开阔你的视野，提升你的涵养。
梁德新 山东省济南市商河县展家中学八年级一班 **评语**：开阔视野，轻松阅读，《学生语文新课标必读丛书》，学习旅程必备丛书，提高成绩的良师益友！	**肖阁** 陕西省洛南县灵口中学 6 班 **评语**：《学生语文新课标必读丛书》符合最新课标要求，是生阅读和学习的理想选择，定能祝你走向成功！
郑梦蝶 广东省揭东县炮台镇弘德初级中学九年级（1）班 **评语**：《学生语文新课标必读丛书》不仅震撼着我们每一个人，更启示着我们用心去思考人生的真谛，用行动去履行人生的诺言。	**黄进明** 福建省南安市国光第二中学高一 2 班 **评语**：《学生语文新课标必读丛书》——潜移默化地促进学生良好的语文课外阅读习惯的工具。
金晓芳 江西省高安中学高三 9 班 **评语**：读书于你如呼吸，《学生语文新课标必读丛书》，让你爱不释手，让你心灵升华，助你走向成功。	**王寿延** 河北省景县中学高三 9 班 **评语**：是一座通向成功的桥梁，《学生语文新课标必读丛书》，你人生的选择。
程贯柱 山东省兖州市军民学校 62 班 **评语**：好的书籍是屹立在时间大海中的灯塔，是全世界的营养品。《学生语文新课标必读丛书》能够陶冶人的感情与气质，使人高尚。	**钟武伟** 长沙市第二十中学 132 班 **评语**：《学生语文新课标必读丛书》为引导同学们深度阅读经典，达成新课标的阅读目标，开辟了一条高效的路径。
罗春耕 湖南省炎陵县职业技术学校 92 班 **评语**：理想的书籍，是智慧的钥匙，《学生语文新课标必读丛书》领你开启智慧的大门。	**朱霖** 安徽省泗县双语中学高三（2）班 **评语**：《学生语文新课标必读丛书》，你的良师益友，是你学习必备的工具书。

陈德平 山东省利津县盐窝镇中学六年级 5 班
评语："腹有诗书气自华"，书，是人类进步的阶梯，是知识的源泉，让我们沐浴在《丛书》的书香之中，在阳光下健康成长！

于俊杰 江西都昌蔡岭慈济中学高二（8）班
评语：我觉得读名著是非常好的，能使我们从中找出蕴含的哲理。《学生语文新课标必读丛书》是你的首选！

王凯敏 广东省揭东县砲台镇弘德初级中学九年级（2）班
评语：浮躁心理导致浅阅读、快餐式的阅读大行其道。《学生语文新课标必读丛书》能让我们快乐平静地生活，寻找属于自己的人生！

贾德建 山东省曲阜市第一中学高二 33 班
评语：阅读中外经典，享受读书乐趣，《学生语文新课标必读丛书》伴你走向成功！

高星云 湖南新化县新化一中 520 班
评语：劳于读书，逸于作文。《学生语文新课标必读丛书》，为你阅读写作添上成功的翅膀。

高翔 湖南省郴州市资兴市立中学 192 班
评语：语文从本质上来说不同于数理化之处，《学生语文新课标必读丛书》是你成长的引路人。

赵尚赟 江西省南康唐江中学高三（11）班
评语：有了《学生语文新课标必读丛书》的陪伴，你的语文将轻松过关！

任水成 江苏省射阳县初级中学八年级（13）班
评语：读书让人心明眼亮，让人充实，让人快乐，《学生语文新课标必读丛书》是引领你走向成功的灯塔，是打开智慧之门的钥匙。

姚来明 黑龙江省农垦北安管理局第三高级中学高二三班
评语：《学生语文新课标必读丛书》，你的进步阶梯，祝你攀登学业高峰。

冯德发 甘肃省临泽县平川中学九（2）班
评语：小小进步，孕育十分成功，《学生语文新课标必读丛书》，你的指路名师，带你抵达成功的彼岸。

班主任

吴树萍 山东省无棣县水湾镇中心小学六年级 2 班

高闻 山东省临沂市第三十二中学八年级四班

汤鹏 江苏省张家港市乐余高级中学高三（1）班

刘郁晖 山东省郯城第二中学语文组高三二班

杨晓琼 四川省大邑外国语学校

姜华 河北省南皮县寨子中学 09-1 班

高文慧 江苏省姜堰市张甸中学高二（4）班

田小华 广东省开平市开侨中学语文组二（4）班

申凤良 山东省东明县第一中学高三 24 班

刘云锋 江苏省无锡市刘潭实验学校七（4）班

屠 力 浙江省临安市横畈小学五（2）班	陈永祥 云南省昆明市嵩明一中（9）班	王辉群 湖南省炎陵县沁泉学校9班	魏宝强 山东省苍山县第二中学高一（11）班	刘海燕 四川省江油市明镜中学高一（1）班
吴永兰 四川广安外国语实验学校初三四班	黄宝成 陕西省西乡县桑园中心学校五（2）班	张飞伦 安徽省蒙城县板桥中学七（10）班	李水兵 湖南省祁阳县浯溪镇二中908班	唐永泉 福建省安溪梧桐中学初三5班
乐刚林 江西省抚州市金溪县金溪一中高二（24）班	李志强 江西省南昌市新建县长征学校八（1）班	王子龙 河南省沈丘县刘湾镇中心小学六年级	刘 森 河南省镇平一高317班	廖雄波 湖南省郴州市汝城一中1016班
刘松明 黑龙江省富裕县繁荣乡永进学校	张学峰 河北省张家口市康保县第四中学117班	郝武敬 河南新乡河南师大附中高一16班	赵少振 山东省新泰市第一中学高二43班	于 慧 山东省荣成市第三中学高三11班
杨进尚 山东临沭高考补习学校10班	廖 魁 湖北省黄冈市武穴实验高级中学高三(2)班	秦晓东 山东省昌乐县鄌郚镇中学七年级2班	王林英 黑龙江省双城市第四小学	孟宪法 山东滨州市滨城区北城中学
李 强 山东省肥城市第二高级中学2009级2班	余其权 安徽省霍邱一中高一29班	王 辉 河北省景县青兰中学九（2）班	张福东 山东省沂源县实验中学31级8班	李永兵 山西省吕梁市临县四中笃学班（233）班
鲍建芳 山东省无棣县车王镇中学2012级3班	陈波霞 河南省三门峡市实验高中高二（12）班	马海平 山西省临县第四中学194班	李爱娣 河北省深州市中学高二3班	刘文彬 江苏省江阴长泾中学高二（17）班

目　录
CONTENTS

1

作者简介

　　1894 年，维·比安基出生在一个养着许多飞禽走兽的家庭里。他父亲是俄国著名的自然科学家。他从小喜欢到科学院动物博物馆去看标本。跟随父亲上山去打猎，跟家人到郊外、乡村或海边去住。在那里，父亲教会他怎样根据飞行的模样识别鸟儿，根据脚印识别野兽……更重要的是教会他怎样观察、积累和记录大自然的全部印象。比安基 27 岁时已记下一大堆日记，他决心要用艺术的语言，让那些奇妙、美丽、珍奇的小动物永远活在他的书里。只有熟悉大自然的人，才会热爱大自然。著名儿童科普作家和儿童文学家维·比安基正是抱着这种美好的愿望为大家创作了一系列的作品。

　　维·比安基（1894～1959）是苏联著名儿童文学作家，曾经在圣彼得堡大学学习，1915 年应征到军校学习，后被派到皇村预备炮队服役，二月革命后被战士选进地方杜马与工农兵苏维埃皇村执行委员会，苏维埃政权建立后，在比斯克城建立阿尔泰地志博物馆，并在中学教书。

　　维·比安基从小热爱大自然，喜欢各种各样的动物，特别是在他父亲——俄国著名的自然科学家的熏陶下，早年投身到大自然的怀抱当中。27 岁时，他记下一大堆日记，积累了丰富的创作素材。此时，他产生了强烈的创作愿望。1923 年成为彼得堡学龄前教育师范学院儿童作家组成员，开始在杂志《麻雀》上发表作品，从此一发而不可收拾，仅仅是 1924 年，他就创作发表了《森林小屋》、

《谁的鼻子好》、《在海洋大道上》、《第一次狩猎》、《这是谁的脚》、《用什么歌唱》等多部作品集。从 1924 年发表第一部儿童童话集，到 1959 年作家因脑溢血逝世的 35 年的创作生涯中，作家一共发表 300 多部童话、中篇、短篇小说集，主要有《林中侦探》、《山雀的日历》、《木尔索克历险记》、《雪地侦探》、《少年哥伦布》、《背后一枪》、《蚂蚁的奇遇》、《小窝》、《雪地上的命令》以及动画片剧本《第一次狩猎》（1937）等。

1924～1925 年，维·比安基主持《新鲁滨孙》杂志，在该杂志开辟森林的专栏，这就是《森林报》的前身。1927 年，《森林报》结集第一次问世出版，到 1959 年，已再版 9 次，每次都增加了一些新内容，使《森林报》的内容更为丰富。比如，一些没有翅膀的蚊子怎么从地下钻出来的？哪个季节的麻雀体温比较低，是冬季还是夏季？什么昆虫把耳朵生在腿上？青草何时会变成天蓝色？蝴蝶秋天都藏到哪里去了？虾在哪里过冬？森林中哪种飞禽的眼睛靠近后脑勺，为什么？癞蛤蟆冬天吃什么？什么鸟的叫声跟狗差不多？……这类妙趣横生的问题，都会在《森林报》中找到完整而令人信服的答案。

比安基从事创作 30 多年，他以其擅长描写动植物生活的艺术才能、轻快的笔触、引人入胜的故事情节进行创作。《森林报》是他的代表作。这部书自 1927 年出版后，连续再版，深受少年朋友的喜爱。1959 年，比安基因脑溢血逝世。

春之卷

　　导读：《森林报》以新闻的形式和诗歌的语言描绘森林中动植物一年四季的变化，显现出大千世界的生态，表现出对大自然和生活的热爱，蕴含着诗情画意和童心童趣。

冬眠苏醒月（春季第一个月）

一年——分为 12 个章节的太阳诗篇

恭贺新年！

3 月 21 日是春分日。这天，白天和黑夜是一样长的，也就是半天是白天，另外半天是夜晚。同时，这天也是森林里迎新春的好日子。

民间有这么一个说法：三月好啊，冰雪消融。在这个时节，阳光和煦，积雪也开始变得松松软软的，表面还会出现蜂窝一样的小孔，而且显得有点灰不溜秋的，完全没有了冬天时的洁白模样，看来它也快挺不住要让步了。屋檐上的一根根冰柱也开始融化了，化开的水珠顺着冰柱滴落，一滴，一滴，又一滴……在地上形成了一个个水洼，麻雀们高兴地在水洼里扑腾自己的翅膀，想借此洗掉羽毛上沉积一冬的尘垢。花园里的山雀也开始快乐地一展歌喉啦。

春天伴随着阳光来到人间，它规规矩矩地展开了工作。首先，它将大地从冰雪中解放了出来。冰雪融化，土地渐渐露出了它本来的相貌。而这个时候，河水还在厚厚的冰层下沉睡，森林也在大雪底下睡得香甜呢。

俄罗斯有一个古老的风俗，人们会在 3 月 21 日的早晨，用白面来烤"云雀"吃，这是一种当地特有的小面包。人们在面包的前面捏出一个小鸟嘴，小鸟的眼睛则是两颗葡萄干，所以将其称为

"云雀"。就是在这天，人们会将关在鸟笼中的鸟儿一一放生，让它们重新回到大自然的怀抱中去。按照现在的新习俗，爱鸟月就从这一天开始。这天，孩子们会把他们的精力都放在这些长着一对翅膀的小家伙身上，他们在树上挂满"小鸟之家"——树洞式人造鸟窠；还有些孩子会将树枝交叉绑在一起，方便鸟儿做窠；还有些孩子会为这些可爱的小生灵开办免费食堂；另外，还有些孩子在学校以及一些俱乐部里举行报告会，主题就是鸟类对于我国的森林、田地、果园以及菜园所起到的保护作用，和有用什么样的方法来爱护并欢迎这些活泼可爱的，有着一对翅膀的歌唱家们。

在3月份，母鸡已经能在大门口尽情畅饮了。

林中大事记

雪地里的吃奶娃娃

积雪在田野里还没有化去，兔妈妈就已经将小兔们生下来了。

刚生下来没多久，小兔儿的眼睛就能睁开了。它们的身上穿着暖和的小皮衣，刚一出世，就能到处跑啦，它们在兔妈妈这里喝足了奶就跑开，然后藏在灌木丛或草墩子下面。兔妈妈也不找，小兔儿们就乖乖地躺在那里，既不叫，也不淘气。

时间一天天过去了，兔妈妈还在田野里到处跑跳，早就把它的兔宝宝忘了。可是兔宝宝们还是老老实实地躺在那，它们可不敢到处乱跑，一乱跑，就有可能被老鹰看见，或是被狐狸等动物发现自己的踪迹。

好不容易有一位兔妈妈从它们身边经过，但这位兔妈妈可不是它们的妈妈，而是一位不认识的兔阿姨。于是，小兔儿们就跑到它身边去求它："喂一下我们吧！我们快要饿死了。"

"好吧，来吃吧。"兔阿姨把兔宝宝们喂饱之后，就离开了。

吃饱的兔宝宝又回到灌木丛里继续躺着。这时，它们的妈妈也许也在什么地方喂着别家的兔宝宝。

原来，兔妈妈之间有这么一个规矩：它们觉得所有的小兔儿都是大家的孩子。不管兔妈妈在什么地方看到一窝兔宝宝，只要兔宝宝有需要，它都会给它们喂奶。至于是不是自己亲生的，那不重要！

你们是不是以为兔宝宝没有了兔妈妈的照顾就没有办法过好日子了？才不会呢！它们身上穿着暖和的小皮衣，兔妈妈的奶水又浓又甜，小兔儿只要吃一顿，就可以好几天都不用吃东西了，而且过不了八九天，兔宝宝们就可以断奶，吃草了。

第一批开放的花

　　最早开放的花出现了。不过，不要指望能在地面上找到它们，因为这个时候的地面上仍然覆盖着白雪。森林中，只有边缘地带附近能听到河水流动的声音。水已经满到快从沟渠中溢出来了。看，就在这里，在这褐色的水面上，你能看到原本光秃秃的榛子树枝上，开出了第一批花。

　　充满弹力的灰色的小尾巴，一根根地从树枝上倒垂下来。按照植物学中的说法，它们被称为葇荑（róu tí）花序。其实，就外貌而言，它们与其他葇荑花序的植物长得并不像。你摇一摇这种小尾巴，就会有很多花粉从它里面飘落出来。

　　比较奇怪的是，这几根榛子树枝上居然还长出了另外一种样子的花。这种花两朵一团、三朵一簇地生长在一起，很多人都以为它们是蓓蕾。这些"蓓蕾"顶端都伸出了看着像线，但是又像小舌头一样的红色的小东西。原来，这就是植物学上说的雌花的柱头，它们的作用是接受其他被风吹来的榛子树花粉的。

　　微风吹拂在光秃秃的树枝之间，树枝上没有树叶，所以在风的面前就没有什么东西能阻挡它的去路，它可以尽情地去摇晃那些葇荑花序，或者是传播花粉。

　　榛子花总归是要凋谢的，而葇荑花序也是要脱落的。那些蓓蕾一样的，小花顶端的红线最终也会干枯的。到了那个时候，每一朵小花就会变成一颗榛子。

尼娜·巴甫洛娃

春天里的妙计

森林中，猛兽经常会袭击那些温顺的动物，不管在什么地方，只要一看见它们，就会立刻扑过去将它们捉住。

冬天的时候，白色的兔子以及白色的山鹑在白雪皑皑的地上是很难被发现的。但是，现在天气变暖，雪开始融化，许多地方的地面已经裸露出来了。狼啊、狐狸啊、鹞鹰啊、猫头鹰啊，甚至是白鼬或伶鼬这样的小型食肉兽，在离得很远的地方就能看到已经没有白雪覆盖的黑色土地上的那些显眼的白兽皮或是白羽毛。

所以，白兔子、白山鹑这类动物想出了一条妙计：它们脱掉自己身上的白毛，换成了别的颜色。原本白色的兔子变成了灰兔；白色的山鹑也脱掉了身上的白色羽毛，重新长出了褐红，夹杂着黑色条纹的新羽毛。所以，现在想要找到兔子和山鹑已经不是那么容易的事了，因为它们都换装了。

而那些经常袭击小动物的食肉小兽也变装了。冬天的时候，伶鼬浑身的毛都是白色的，白鼬也是。唯一不同的就是它的尾巴尖儿是黑色的。所以，在大地一片白茫茫的时候，它们可以借着雪色来掩饰自己的行踪，偷偷爬到那些温顺的小动物面前，因为白色的毛皮在雪地上是很不容易被发现的。但是现在，这些食肉小兽也都开始换毛了。它们的皮毛变成了灰色。伶鼬全身都是灰色的皮毛，白鼬的皮毛虽然也变成了灰色，但是尾巴尖儿那里还是和原来一样，仍然是黑色的。不过，衣服上带个小黑点儿，不论是在冬天还是夏天都是不碍事儿的——雪地里不是也经常有黑斑或黑点儿吗，通常就是一些垃圾或是小枯枝什么的。而在土地和草地上，这样的黑色斑点儿就更随处可见了。

冬天的来客准备启程上路

在我们州各处的行车道上，随时都可以看见一群群有着白色羽毛的小鸟，它们的样子特别像鹀（wú）鸟。这是一种习惯在我们这儿过冬的客人——雪鹀以及铁爪鹀。

它们的故乡在北冰洋沿岸以及岛屿上的冻土带。那里的气候比我们这儿更加寒冷，因此，还要过一段时间，那里土地上的冰雪才会开始解冻。

可怕的雪崩

森林里开始发生可怕的雪崩。

松鼠的家在一棵大云杉树的枝桠上，这个时候，松鼠正在它温暖的窝里睡觉。

忽然，一团很沉的雪从树梢上塌落下来，没有任何的偏差，正好掉在了松鼠窝的顶上。松鼠受到惊吓，立刻从窝里蹿出来，可是它刚刚生下来、软弱无力的孩子们还在窝里呢！

松鼠立刻将雪扒开。还好，雪团只是压在了用粗树枝搭的窝顶，里面那个铺着苔藓，松软温暖的小窝并没有被雪压坏。至于窝里的松鼠宝宝，根本没有受到雪崩的影响，还在呼呼大睡呢！刚出生的它们体型很小，就像小老鼠那么小，眼睛还没有睁开，耳朵也听不见，浑身一点儿毛都没有。

潮湿的小屋

雪还在继续融化。森林中那些以地洞为家的动物，日子可就不好过啦！比如鼹鼠、鼩鼱（qú jīng）、野鼠、田鼠以及狐狸等，这些住在地洞里的野兽们，被洞里的潮湿弄得苦不堪言。再过不久，所有的雪就会化成水，到那个时候它们又该怎么办呢？

奇怪的小茸毛

沼泽地上的雪已经化完了，这使得草丛与草丛之间除了水还是水。草丛的下面，是一些光滑的绿茎，茎上摇曳着白色的小穗儿。难不成，这些是去年秋天没有被风吹走的种子？难道说它们就这样在大雪底下熬过了一个冬天？但似乎又不是这样的，因为它们实在是太干净、太新鲜了，让人怎样都无法相信这些是去年遗留下来的。

不过，你只需把这种小穗儿摘下来，将外面覆盖的茸毛拨开来，就会恍然大悟的。因为，在这如丝一般的白色茸毛中，居然长着金黄的雄蕊以及如细线一般的柱头。原来，这是一种花呀！

这种叫做羊胡子草的植物就是这样开花的，当时的夜间还很冷，所以花上的那些茸毛起到了保暖的作用。

尼娜·巴甫洛娃

四季常青的森林

四季常青的植物不一定只生长在热带或是地中海沿岸附近。其实，在我国北方的一些森林中，也生长着许多常绿小灌木。

在新年的第一个月里，经常去这些长着常绿植物的森林里散步，会使你感到非常愉快。因为在这里，你看不到那些让你心情压抑的枯枝烂叶。而且，即使离得很远，你也能看到那些毛茸茸的灰绿色的小松树。来到这些小松树的面前，在里面待上一会儿，会是一件多么惬意的事啊！眼前的一切都是那么生气勃勃：柔软如地毯的青苔；叶子亮闪闪的越橘，还有优雅可爱的石南。它们的细枝上长满了细细小小的叶子，就像一片片绿色的瓦片。枝桠上还残留着一些去年开放的，没有凋谢的淡紫色小花。

还有一种常绿灌木生长在沼泽地的边缘，它就是蜂斗叶。它有着深绿色的叶子，叶子的边缘向上卷起，背面就好像刷了一层白粉。不过，不管是谁站在这种小灌木面前，都不会盯着它的叶子，因为他的注意力会被另一种更有趣的东西吸引，那就是鲜花。你会在灌木丛的周围看到漂亮的，粉红色钟状的花，这种花和越橘花长得很像。在这种早春时节，能在森林里找到花，真是一个意外的惊喜！如果你采一束这种花带回家，不管是谁，都无法相信这是从野外摘来的，他们一定会说这是从温室里采来的。

人们会这么说，主要是因为没有多少人，会在早春时节跑到常绿树林里去散步。

尼娜·巴甫洛娃

鹞鹰与秃鼻乌鸦

"噼！呱——呱——呱！"突然有什么东西从头上掠过。我抬头一看，只见五只秃鼻乌鸦正跟在一只鹞鹰后面追赶它。鹞鹰为了不被追到，一直在东躲西闪，可是这是徒劳的！秃鼻乌鸦们最终还是赶上了它，用嘴去啄它的头。鹞鹰因疼痛而发出尖厉的惨叫声。后来，它费了九牛二虎之力，才冲出包围圈飞走了。

我爬上一座高山，在这里我能看得更远。我注意到一只鹞鹰在一棵树上休息。这时，不知道从哪里突然飞出一大群秃鼻乌鸦，这群乌鸦叫嚣着向那只鹞鹰扑去。这下子，鹞鹰被惹恼了，它发出一声尖厉的叫声，向其中的一只秃鼻乌鸦猛扑过去。那只秃鼻乌鸦害怕了，连忙躲到一旁。鸥鹰便趁机以极快的速度冲上高空。秃鼻乌鸦们一看没有了俘虏，就都失望地散到了田野各处。

《森林报》通讯员　康·梅什连伊夫

城市新闻

屋顶上举行的音乐会

每天晚上，屋顶上都会有猫儿们的音乐会。它们非常喜欢这样的音乐会。只不过，每次音乐会都是以歌手之间的群殴闭幕的。

阁楼上

一位《森林报》的记者这几天都在观察市中心地区的住宅，因为他想要了解居住在阁楼中的动物们的生活起居。

栖息在阁楼里的鸟儿们对它们的住宅感到非常满意。如果感觉到冷，就靠壁炉上面的烟囱近些，享受这种不要钱的取暖设备。母鸽子已经开始准备孵蛋了，麻雀和寒鸦则在到处寻找着能够用来做窝的稻草，和做软垫子时会用到的绒毛和羽毛。

鸟儿们最讨厌的是猫和男孩子，因为它们的窠常常被他们破坏。

麻雀惊叫

椋鸟的家门口乱作一团，叫嚷声，厮打声，鸟毛和稻草满天飞，到底发生什么事了？

原来是主人——椋鸟回来了！它们发现，自己的家居然被麻雀占据了，于是便揪住麻雀，一只接一只地往外轰，再把麻雀的羽毛垫子扔出去——将麻雀彻底扫地出门！

有一位水泥工人正站在脚手架上修补屋顶下的裂缝。麻雀在屋檐上蹦跶着，冷不丁地瞅了瞅屋檐下，忽然大叫一声，直接向水泥工人的脸扑了过去。水泥工人挥舞着小铲子轰赶着它们，可他怎么也想不到，这是因为他把裂缝里的麻雀窝封上了。而窝里还有麻雀下的蛋呢。

一片叫嚷声厮打声中，鸟毛随风飞扬着。

《森林报》通讯员　尼·斯拉底科夫

还没睡醒的苍蝇

一些身上蓝中透绿、闪着金光的大苍蝇出现在街头。它们虽然长着大个子，却和入眠的球虫一样，一副没睡醒的表情。它们还没有学会飞，只能用它们的细腿勉勉强强、哆哆嗦嗦地在屋子的墙壁上爬。

这些苍蝇整个白天都在晒太阳；到了夜里，就又爬回墙壁或篱笆间的空隙和裂缝里了。

苍蝇啊，当心流浪的杀手！

列宁格勒的街头出现了一种流浪的杀手——苍蝇虎。有一条谚语说，腿快的狼容易把人伤，用在苍蝇虎身上也很合适。它们并不像普通的蜘蛛那样去结网捕食，而是埋伏在地面，遇到苍蝇或者别的昆虫，就纵身一跳，扑到它们身上去捕食。

石 蚕

　　一些呆头呆脑的灰色小幼虫从河面的冰缝中钻了出来。它们爬上岸后，身上的皮就会蜕掉了，变成有翅膀的虫儿，它们的身体又纤细又匀称。它们既非苍蝇，也不是蝴蝶，而是石蚕。

　　这时，它们虽然拥有长长的翅膀，但身体还是轻飘飘的，依旧不会飞翔，因为它们还很稚弱，还得晒晒太阳慢慢生长。

　　它们穿越马路时，可能会被过路的人踩，被马蹄踏，被车轮碾压，也可能被麻雀像捣米似的啄食。一批又一批的石蚕死掉了，可是那些幸存者还在继续往前爬着，往前爬着——它们的队伍很庞大，有成千上万只呢。那些爬过马路的石蚕，就可以爬到房屋的墙壁上去晒太阳了。

利斯诺耶观察站

　　从 19 世纪 60 年代开始，自著名的自然科学家凯戈罗多夫教授第一个在利斯诺耶开展物候学观察以来，这种观察一直持续到现在。

　　现在全苏地理协会名下，设有一个以凯戈罗多夫命名的专门委员会，主持着物候学观察这项工作。

　　全苏联的物候学爱好者，都会将自己的观察报道寄到这个委员会去。现在，根据累积多年的观察记录，如：鸟类的迁徙、植物的生长和凋谢、昆虫的出没等，已经可以编制一部《自然通历》了。它能用来预报天气和规划各种农事活动的日期。

　　现在，成立于利斯诺耶的这家中央物候学观察站，已经有 50 多年的历史了。像这样的观察站，全世界只有 3 个。

给椋鸟搭个小屋吧

谁要是想让椋鸟住在他的园子里，那就得赶快给椋鸟搭个小屋。小屋要干净，门要留得小点，让椋鸟能钻进去，而猫儿钻不进去。

为防止猫儿用爪子掏到椋鸟，还得在门里面钉上一块三角形的木板。

舞 蚊

在晴朗温暖的日子里，一些小蚊虫开始在空中飞舞了。你不用害怕：这种小蚊子不叮人，它是舞蚊。

舞蚊密密麻麻的集成一群，像在空中旋舞着的一根圆柱子。看那种舞蚊很多的天空，就像布满了黑点，就像人的脸上长了雀斑。

最早出现的蝴蝶

蝴蝶飞出来透风了，换换气，在阳光下晒晒翅膀。

最早出现的是在阁楼上躲了一冬黑褐色、带红斑点的荨麻蛱（jiá）蝶，还有淡黄色的柠檬蝶。

园子里

有着淡紫色胸脯和浅蓝色脑袋瓜儿的雌燕雀在公园和果园里嘹亮地歌唱着。它们凑在一起等待着各自的爱人——那些雄燕雀总是姗姗来迟。

全新的森林

全苏联的造林大会召开了。那些林务员，森林学家，农学家们齐聚一堂。列宁格勒的人也去参加了。

为了在祖国的草原地区实施造林工程，科学家们这一百多年来不断地进行科学勘察，并在实地栽种树木。他们选定了 300 种乔木和灌木品种，用它们在草原地区造林，这些品种都是最能适应草原生存条件的。比如：科学家们发现，把栎树跟锦鸡儿、忍冬以及其他灌木混杂着种在一起，对顿尼茨草原最适宜。

苏联的工厂制造出一种全新的机器，能使我们在很短的一段时间内栽上很大一片的树苗。现在苏联已经有好几十万公顷的造林面积了。

在最近几年内，我们国家还准备将造林面积扩大到几百万公顷。有了它们，我国的田地也能有个较大的收成了。

列宁格勒　塔斯社

春天的花

在公园、花园和庭院里到处盛开着款冬花。

街上有人在卖成束的鲜花，那是他们从森林里摘下来的最早的春花。

卖花人将这花儿叫做"雪下紫罗兰"，但这花儿的颜色和香气都不像紫罗兰。其实，它们真正的名字叫蓝花积雪草。

树木也醒过来了，已经能听到白桦树的树液在树干里流动的声音了。

有什么生物漂来了

春天来了，一条条小溪在利斯诺耶公园的峡谷里缓缓地流淌着。在一条小溪上，我们《森林报》的几位通讯员正在用石块和泥土筑一道拦水坝，大家守在那里，等着看会有什么生物会漂到水塘来。

过了好久也没有东西漂来，只有一些木片和小树枝在水塘里打转转。

终于，有一只老鼠在溪底被冲了过来。它不是那种普通的长尾巴、灰毛的家鼠，它是棕黄色的，尾巴还很短，原来是一只田鼠。

这只死田鼠可能已经在雪下躺了整整一个冬天。现在雪化了，溪水就把它从什么地方冲到了水塘里。

后来，一只黑甲虫流进了水塘。它在水里拼命地挣扎着，打着旋，却怎么也爬不上来。开始，大家以为它是水栖的甲虫呢，可捞起来一看，才发现原来是个地道的，最不喜欢水的陆生虫——屎壳郎。看来它也在冬眠之后苏醒了。当然了，它不是自愿掉进水里的。

不一会儿工夫，有个长着长长的后腿，一蹬一蹬的家伙自动游到水塘里了。你猜它是谁？它是青蛙！虽然积雪遍地，但青蛙一见到水马上就赶过来了。它爬上了岸，连蹦带跳地钻进灌木丛里去了。

最后，有一只小兽游了过来。毛是褐色的，长得很像一只家鼠，但尾巴比家鼠的短得多，原来这是只水老鼠。

显然，它已经把储存的冬粮吃光了，看到春天到了，就出来觅食了。

款　冬

一簇簇款冬的细茎已经在小丘上冒了出来。每一簇茎都是一个小家庭。那些细细，高高地仰着脑袋瓜儿的茎是家中的老大；那些粗粗短短，看起来有些笨拙的茎，年纪还小，所以它们紧紧地倚着高茎。

还有一种茎的表情特别滑稽，它们垂着头，弯着腰，杵在那儿，好像是因为刚刚来到世间，而羞答答的呢。

每个小家庭的成员，都是从地下的一段母根茎中生长出来的。从去年秋天开始，这段母根茎就为地上的孩子们备足了养料。现在这些养料正渐渐地被消耗着，但足够整个开花期用了。不久后，每一个小脑袋都会长成一朵辐射状的小黄花，准确地说——不是花，而是花序，是一束紧紧挤在一起的小花。

当这些花儿开始凋谢的时候，根茎里就会生出叶子来。这些叶子会制造出新的养料来储备。

尼娜·巴甫洛娃

空中传来的喇叭声

一天，列宁格勒的居民惊奇地听到从空中传来的喇叭声。晨光熹微，城市还在沉睡，街上静悄悄的，所以这种声音听起来格外响亮。

眼神好的人仔细一看，就能发现有一大群大白鸟，它们的脖子又直又长，在云朵下翩翩地飞。它们是一群列队飞行，喜欢鸣叫的野天鹅。

它们每年春天都会在我们这座城市的上空飞过，它们响亮的声音就像在我们耳边吹喇叭："克阿噜——噜鸣！克阿噜——噜鸣！"可是在热闹拥挤的街头，人声鼎沸，还有汽车鸣叫，我们就很难听到鸟儿的声音了。

此时，它们正飞往科拉半岛阿尔汉格尔斯克地区，或者去梅津河、伯朝拉河两岸做窠。

庆祝爱鸟节的入场券

我们怀着急切的心情在等待那些有羽毛的朋友们光临。学校让我们每人做了一个椋鸟小窝。于是，我们都在动手忙这件事。我们学校里面有一个木工场，那些还不会做椋鸟小窝的孩子可以去那里学习。

我们要在学校的果园里挂上许多鸟窝。希望鸟儿们能住在这里，保护苹果树、梨树和樱桃树，让那些害虫不敢来。等到欢度爱鸟节的那一天，每个学生就把自己做的椋鸟小窝带到庆祝会上。我们已经商量好了：椋鸟小窝就是每个人参加庆祝会的入场券。

《森林报》通讯员　伏罗加·诺威

集体农庄新闻

抢救挨饿的麦苗

雪都化了，田里长出了绿绿的小苗，可是这些小苗又细又弱。大地还没有完全解冻，小苗的根又不能从大地母亲那里汲取足够的营养，所以这些可怜的小苗只能挨饿了！

可是小苗是我们的宝贝啊！它们是冬麦苗。因此人们就给它们准备好了营养：草木灰啊、鸟粪啊、厩粪汁啊、食盐啊，这些东西都是由"空中食堂"配送的。

飞机飞到田地的上空，将这些东西撒下去。这样，每一颗挨饿的麦苗都能吃得饱饱的了。

土豆搬家

土豆的种子终于搬出冷库了。

人们把它们种在温暖的土壤里面，它们兴高采烈地生长着。

逃亡的春水被截留

积雪化成的水由着自己的性子流淌，竟然想从田里逃窜到凹地里。

农场里的人们及时把逃亡的春水截留下来了，在有积雪的斜坡上拦腰筑起了一道结结实实的横墙。

留在田里的水，开始慢慢渗到土里。

田里小苗的小根已经感觉得到了水的滋润，它们好高兴。

新生了 100 个小娃娃

昨天夜里，在猪舍里值班的饲养员们为母猪接生，接生了 100 只小猪。这 100 个小猪娃，个个肥头大耳、结结实实的，一出生就哼哼直叫。9 位幸福的年轻猪妈妈，正急切地等待着饲养员把那些翘鼻头、小尾巴、红扑扑的小猪娃送过去吃奶。

绿色新闻

能在菜铺里买新鲜的黄瓜了。黄瓜花的授粉工作没有靠蜜蜂帮忙。黄瓜生长的土地，也没有靠阳光的滋润。

尽管如此，这些黄瓜依然是名副其实的黄瓜——肥肥大大，结结实实，多汁又长满了小刺。别看它们是在温室长大的，也有着真正的黄瓜清香呢！

尼娜·巴甫洛娃

猎事记

国家规定春天打猎的时期非常短。如果开春早的话，就可以早点去打猎。如果开春晚的话，那就只好推迟狩猎期了。

春天只能打飞禽，比如野鸡、野鸭什么的，而且只准打雄的，并不许带猎犬。

搬家的鸟儿

猎人白天从城中出发，天黑之前就进入森林了。

这个黄昏灰沉沉的，没有一丝风，下着毛毛细雨，天气非常暖和，正是鸟儿搬家的好天气。

猎人在森林边选好了一块地方，然后站在一棵小云杉旁。周围的树木不高，全是低矮的赤杨、白桦和云杉。

离太阳落山还有十几分钟。现在还能抽一支烟，再过一会儿可就没工夫了。

猎人站在那儿听森林里各种鸟儿的歌声：鸫（dōng）鸟在枞树的尖树顶上高声鸣叫；红胸脯的欧鸲（qú）在丛林里哼着小调。

太阳下山了。鸟儿们陆陆续续地停止了歌唱。最后，连最会唱歌的鸫鸟和欧鸲也不唱了。

注意，竖起耳朵来听好了！森林的上空突然传出一阵轻响："唧唧，唧唧，嚯嚯——嚯——嚯！"

猎人打了个冷战，把猎枪搭在肩上，屏住呼吸倾听。从哪儿传来的声音呢？

"唧唧，唧唧，嚯嚯——嚯——嚯！""嚯嚯！"

还是两只呢！

两只勾嘴鹬（yù）正飞过森林上空，它们飞快地扑扇着翅膀向前飞着。

一只追着一只飞，但样子并不像是打架。看来，前面一只是雌鸟，后面那只追逐它的是雄鸟。

"砰！"

跟在后面的那只勾嘴鹬，在空中打着旋，慢慢掉进了灌木丛。

猎人飞快地跑过去，如果那只受伤的鸟儿逃走，或者躲在灌木丛里，那就很难再找到它了。

勾嘴鹬羽毛的颜色跟枯叶很像。仔细一瞧，它就挂在灌木丛上。

另外一只勾嘴鹬不知道在什么地方"唧唧""嚯嚯"地叫起来了。

可是太远了——猎枪打不着。猎人再次倚着一棵小云杉，聚精会神地听着动静。林子里静悄悄的，忽然又传来了这种叫声：

"唧唧！""嚯嚯！嚯嚯嚯！"

叫声在那边，在那边——可是太远了……把它引过来吗？也许可以引得过来。

猎人把自己的帽子抛向空中。

雄勾嘴鹬此时正在昏暗中仔细寻找雌勾嘴鹬的身影。它马上看见了一件一起一落的，黑糊糊的东西。

是雌勾嘴鹬吗？雄勾嘴鹬转过头来，急急忙忙地向猎人这边飞来。

"砰！"这回它一个跟头栽了下来，一枪击毙。

天越来越黑了。"唧唧，唧唧！嚯嚯，嚯嚯"的叫声四起，一会儿在这边，一会儿在那边——不知道飞向哪边才好。

猎人兴奋得双手颤抖。

"砰！砰！"没打中。

"砰！砰！"又没打中。

还是休息一会儿，暂且放过这一两只勾嘴鹬吧！是时候该定定神了。

好了，手不抖了。

现在能开枪了。

在幽暗的森林深处，一只猫头鹰用暗哑的声音怪叫了一声。一只还在睡梦中的鸫鸟被吓醒，害怕地尖叫起来。

天黑了，就不能打枪了。

终于又响起了一只雄勾嘴鹬的叫声：

"唧唧，唧唧！"

从另外一边也传来了"唧唧，唧唧"的叫声。

两只雄勾嘴鹬情敌在猎人的头顶上相遇了，它们一碰上就打起架来。

"砰！砰！"两声枪响后，两只勾嘴鹬都落地了。一只像土块似的掉在地上；另一只打着旋，正好落在猎人脚旁。

现在该转移地点啦！

趁着还看得见林间的小路，应该走向鸟儿交配的地方。

松鸡交配的地方

深夜里，猎人坐在森林里吃点干粮，喝点水——这时是不能生火的，否则会吓走猎物。

等不了多久，天就快亮了。松鸡总是在天亮以前进行交配。

一只猫头鹰闷闷地怪叫了两声，将黑夜的寂静打破了。

这个大坏蛋！会把正在交配的松鸡吓跑的！

东方的天空变成了鱼肚白。听，一只松鸡低低地唱了起来，叫声隐隐约约的。它"咔嗒，咔嗒"，"咔嗒，咔嗒"地叫着。

猎人跳起来，专注地听着。

听，又有一只松鸡叫了起来——就在不远处，离猎人不过150步左右的距离。随即，又有松鸡的叫声传过来了。

猎人轻手轻脚地向那儿走去。他手中端着枪，手指头扣在扳机上，眼睛盯住暗影中的粗大云杉。

只听到"咔嗒，咔嗒"的叫声停下了，一只松鸡尖声尖气地发出声音。

猎人使劲向前蹿了几步，随即就站定不动了。

松鸡的叫声停止了。四周都静悄悄的。

此时，松鸡防备了起来——它竖起耳朵听呢。这个机灵的家伙，只要树枝微微发出一点声响，它就拍着翅膀飞走，逃得不见踪影！

它没有感觉到什么异常，于是又"咔嗒，咔嗒！咔嗒，咔嗒"地叫了几声——好像两根木棒子轻轻相撞时发出的声音。

猎人仍然站在原地不动。

松鸡又委婉地啼叫起来。

猎人向前跳了一下。

松鸡发出一阵嘶叫，不敢再唱歌了。

猎人还有一只脚没有落地，就僵在那里不敢动了。松鸡又不叫了——直愣愣地在听着动静。

后来，它又叫了起来："咔嗒，咔嗒！咔嗒，咔嗒……"

这样重复了一遍又一遍。

现在，松鸡就在猎人的眼前了——松鸡就落在猎人前面这几棵云杉上，离地面不高，就在树的半腰！

这家伙是热情昏了头，高声唱着，现在你就是对着它嚷，它也听不见！不过，它的位置的确很难判断，在那漆黑的针叶丛里，真是看不清楚啊！

哦！原来它在那儿！就在那个茂密的云杉枝上——离猎人不过只有 30 几步远。瞧，那是——它长长的黑黑的脖子，它长着山羊胡子的脑袋瓜儿……

它不叫了，现在可不能轻举妄动……

"咔嗒，咔嗒！咔嗒，咔嗒！"……接着，它又叫了。

猎人把枪举起来，瞄准夜色中的那个黑影——一个长着山羊胡子、尾巴像展开的大扇子一样的猎物，挑中它的要害打下去。若是打在绷得紧紧的松鸡的翅膀上子弹就会滑掉，这只结实的鸟没有那么容易被打伤。要打死它还得打它的脖子。

"砰！"

眼前一片乌蒙蒙的烟，什么都看不见了，只能听到松鸡沉重的身子从树上掉了来，压断了许多树枝。

"嘭！"——它摔在了雪地上。

好大一只雄松鸡！乌黑的身躯至少有 5 千克重！它眉毛像被血染过一样，通红通红的……

琴鸡交尾演出

森林里有一片很大的空地，上有一个露天剧场。太阳还没出来，可是四周的一切都能看清楚，因为那时恰逢列宁格勒的白夜。

聚过来一起看表演的观众，是那些身上带着麻斑的雌琴鸡，有的蹲在地上吃东西；有的矜持地坐在树上。

它们正静静地等着好戏开场。

看啊！看啊！有一只雄琴鸡飞到舞台上来了。这个浑身乌黑，翅膀上生着几道白条纹的家伙，可是这个交尾场上的主角。

它用那两只黑纽扣般大的眼睛，敏锐地看着交尾场——发现与它配戏的演员还没到场，现场只有那些等着看热闹的雌琴鸡。还有，那边怎么长出了一堆矮树丛啊？好像昨天还没有呢，真是荒唐啊——怎么一天一夜的时间里会冒出那么多一米高的云杉呢？一定是以前没记清……老糊涂了。

请开始表演吧！

这个主角又扫了观众一眼，随后将脖子弯到地，将华丽的大尾巴翘起来，将翅膀斜着奔拉到地上。

接着，它叽里咕噜的念叨着什么。台词仿佛是：我要卖掉这件皮袄，然后买一件大褂，买一件大褂！

"嘟！"舞台上又飞来一只雄琴鸡。

"嘟！嘟！"——一只又一只飞过来了，它们啪啪的弄得舞台直响。

嚇！瞧我们的主角都气疯了！它羽毛全都竖起来了。脑袋瓜儿也贴着地，尾巴大张着像一把扇子，口中发出一阵阵的怒号："呀唬，嘿！呀唬，嘿！"

这是它在对别的鸟儿宣战，台词的意思是：谁要不是舍不得掉羽毛的胆小鬼，那就过来较量一下吧！

在舞台的另一边，有一只雄琴鸡出来应战了："呀唬，嘿！呀唬，嘿！你要觉得自己不是胆小鬼，就过来比比啊！"

"呀唬，嘿！呀唬，嘿！"——嚇，这下子有二三十只雄琴鸡出来应战了，黑压压的一片，简直数不过来！只只都做拉开了准备打架的架势，随便你挑。

那些看好戏的雌琴鸡静静地蹲在树上，一副不动声色的神态，好像对眼前的战争漠不关心。其实，这群心眼多的美女是在耍花样呢！这出戏明明就是演给它们看的。这些抖开大大的黑尾巴、激动得眉毛都烧得火红的斗士，正是为了它们才奔向这里的！

这里的每一个斗士，都想在漂亮的雌琴鸡面前表现表现自己的勇敢和力量。傻里傻气、胆怯怕事的可怜虫们趁早滚开！只有灵活机智的勇士，才配得上美女。

看吧，好戏上演啦……雄琴鸡愤怒地挑战声响彻全场！它们低下头去，屈着身子发力，向前冲了过来……

两只雄琴鸡对掐了起来，各自朝着对方的脸上啄过去。

"啾叽，啾叽！"它们愤怒地呜咽着。

天色越来越亮了。笼罩在舞台上空的那层白夜的透明暮色已经褪去了。

云杉丛中（交尾舞台上的这一大堆云杉是何时生出来的啊?），有一件像金属一样的东西在闪闪发亮。

不过那个时候，雄琴鸡们可没时间往树丛里看。它们都在忙着应付对手。

交尾场的主角离树丛是最近的。这是在跟第三个对手较量了。前面的两个早被它打得不见踪影了。它真是当之无愧的主角——整个林子里数它最厉害了。不过，第三个对手也很勇敢，身手矫捷，它跳过去，狠狠的给了主角一击。

"啾叽，叽！"主角嘶哑着，恶狠狠地喊。

躲在树枝上观战的美女们此时都伸长了脖子，好戏终于开始了呢！真正的战斗就应该是这样！这第三只是不会被吓跑的，无论怎样都不会。两个敌人都跳了起来，扑扇着结实的翅膀，在半空中厮打着。

啄了一下，又啄了一下——也弄不清是谁在啄谁了。两个敌人都摔在了地上，分头跳向两边。年轻的那只，翅膀上有两根硬翎断了，身上那些蓝色的羽毛凌乱地竖在身上；年老的那只，红眉毛下竟然淌着血——它的一只眼睛被啄瞎了。

那些美女们坐立不安了。到底谁赢了？莫非是年轻的打败了年老的？看那年轻小伙子多帅啊：密密的羽毛闪着蓝色的光芒，尾巴上布满花斑，翅膀上长着色彩夺目的花纹。

看啊看啊，两个敌人又跳了起来厮打。年老的压住了年轻的！

又双双跌倒，向两边跳开了。

又厮打在一起。年轻的占上风！

现在终于到最后一场搏斗了。看吧看吧……

摔在一起了，可又跳开了！

又跳起来，扭成一团啦。

"砰！"一声枪响传出，雷鸣似的响彻整个森林，小云杉丛里升起了一团青烟。

交尾场上的时间仿佛静止了。树上的雌琴鸡们呆呆地伸长了脖子。雄琴鸡们惶恐地扬起了红眉毛。

发生什么事儿了？

没什么事儿啊，眼下还是太平景象。

没有生人闯进来。

一片寂静。云杉丛中的烟消散了。

一只雄琴鸡回过头来，一眼瞧见它的对手就站在面前。它纵身一跳，照准那敌手的脑袋啄去。

表演接着进行。一对对雄琴鸡又打了起来。

可是树上的美女们看见了：刚刚搏斗的那一老一少，双双倒在地上死了。

难道是它俩互相把对方打死了吗？

表演在继续进行着。应该把目光转向舞台上才对。现在哪一对的搏斗最精彩？今天哪一位黑斗士能成为最后的胜者？

当太阳照在森林上空时，表演结束了，鸟儿们也全都飞走了；一位猎人从云杉枝搭建的小棚子里走了出来。他先拾起了舞台主角和它的年轻情敌。这两只鸟儿全身是血——它们从头到脚都中了子弹。猎人把它们塞到怀里，接着捡起被他打死的另外 3 只雄琴鸡，扛起枪，走上了回家的路。

猎人在穿过森林时，不时地竖起耳朵，东张西望，生怕碰见什么人……原来他今天做了两件亏心事：一是他在禁猎期射死了在交尾场上的雄琴鸡；二是他打死了资深的老主角。

明天，露天剧场上的戏不能继续了，因为没有主角来带头演了！

交尾场的表演不见了。

《森林报》特约通讯员

呼叫东南西北

注意！注意！

我们是《森林报》编辑部。

今天是 3 月 21 日，春分。我们今天举行一次全国无线电通报行动。

请注意！请东南西北各地都来参加。

请注意！请苔原、原始森林、草原、山岳、海洋、沙漠都来参加。

请报告你们那里的近况。

回应！回应！

来自北极的回应

今天，我们这儿洋溢着节日的喜庆——一个非常漫长的冬天终于过去了，太阳头一次露出了笑颜！

第一天，海面上只露出了太阳的头顶，几分钟后就缩回去了。

两天以后，太阳露出了半张脸儿。

又过了两天，太阳才从海洋里钻出来。

现在，我们总算可以享有一个短短的白天了。尽管一个小时后天就会变黑，可是这又算什么呢——反正越来越多的白昼正向我们走来。明天，白昼会再长些；后天，白昼会更长些。

厚厚的冰雪还覆盖着我们的海洋和陆地。白熊在它们的冰穴里睡得正开心。到处都找不到绿芽，看不见飞鸟的踪影，只有严寒的风雪天气。

来自中亚细亚的回应

我们已经把马铃薯种上了，现在开始种棉花。这儿的太阳火辣辣的，街道的路面上被烤出一层浮尘。桃树、梨树、苹果树正忙着开花。扁桃、杏树、白头翁还有风信子的花都凋谢了。我们也开始营造防护林带了。

飞到我们这儿过冬的乌鸦、秃鼻乌鸦和云雀都飞回北方了。而在我们这儿消夏的家燕、白肚皮的雨燕等都飞来了。红色的野鸭在树洞、土洞里孵出了小野鸭。这些小家伙们已跳出洞，在水里游泳了。

来自远东的回应

我们这儿的狗已从冬眠中醒过来了。

是的，是的，你并没有听错——我说的确实是狗，不是熊、土拨鼠，也不是獾。

你以为狗都不会冬眠吧？可是我们这儿的狗就冬眠呢。

我们这儿有一种个子比狐狸还小的野狗，短短的腿，一身又密又长的棕色的毛甚至把耳朵都遮住了。冬天来临时，它就像獾一样钻到洞里睡大觉了。现在它苏醒后就开始抓老鼠和鱼吃。

它的名字是浣熊狗，因为它长得特别像北美洲的一种小型熊——浣熊。

南部沿海的人们已经开始捕捉比目鱼——一种扁扁的鱼。而乌苏里边区的原始丛林里，已经有小老虎出世了，此时它们已经能睁眼了。

我们每天守在这里等着回游鱼类的到来，它们每年都从远方的海洋游到我们这儿来产卵。

来自乌克兰西部的回应

此时我们正在播种小麦。

飞去南非洲过冬的白鹳（guàn）回来了。我们欢迎它们住在我们的房顶上，所以就搬来了一些重的旧车轮搁到房顶上供它们筑窠。

这不现在白鹳正把衔来的粗细不等的树枝放到车轮上，开始搭建窠了。

因为金黄色的蜂虎鸟飞来了，所以我们的养蜂人慌张了。这种小鸟儿仪态文雅，羽毛很漂亮，可是它们偏偏喜欢吃蜜蜂。

来自亚马尔半岛苔原的回应

我们这儿还是严寒的冬天呢，春天的气息一点儿都没有。

驯鹿们正在用蹄子扒开积雪，捣碎冰块，觅食青苔。

乌鸦就要飞回来了！每年的 4 月 7 日，我们都要庆祝"乌思嘉——亚烈"节，即"乌鸦节"。乌鸦飞来的那天被我们视为春天的开始，就跟你们把秃嘴乌鸦飞回来的那天当成春天的开始一样。我们这儿可没有秃嘴乌鸦。

来自诺沃西比尔斯克原始森林的回应

我们这儿的情况跟你们那里差不多啊，都是原始林带，有成片针叶林以及混成林。这样的原始林带横亘我们的国土。

白嘴鸦只有在夏天才会出现在我们这儿。我们的春天是从寒鸦飞回来的那天开始的——寒鸦一到冬天就飞走了，但是它们每年春天都会最先飞回来。

春天一到，我们这儿的天气马上就暖和了，春天这么短，来去匆匆啊。

来自外贝加尔草原的回应

粗脖子的羚羊离开我们去南方了——它们向南方的蒙古走去了。

积雪初融的那几天，对它们来说是灾祸降临的日子。白天融化的雪水在冷冷的夜里又冻成了冰。这时平坦的草原就变成了溜冰场。此时它们光滑的蹄子在冰上滑啊滑，四只蹄子滑向四个方向。

而羚羊是完全靠那四条追风腿活命的啊！

在这个春寒时节，不知道有多少可怜的羚羊会被狼还有其他猛兽吃掉！

来自高加索山区的回应

在我们这儿，春天是从低处走到高处的，一步一步地赶走冬天。

山顶上大雪纷飞，山下的谷地却飘着细雨；小溪向前奔流着，春潮第一次在涌动着。河水猛涨而漫上了河岸。湍急的浑浊河水一泻千里，夹杂着一路冲刷下来的东西奔向大海。

山下的谷地里鲜花盛开，树叶舒展。在阳光明媚的暖暖的南山坡，一片片绿茵一天天向山顶蔓延着。

鸟儿、啮齿类动物和食草类动物，都跟着绿草向山顶上移去、爬去。牡鹿啊，牝鹿啊，兔子啊，野绵羊啊，野山羊什么的，也跑向了山顶。而狼啊，狐狸啊，森林野猫啊，甚至人都防着的雪豹什么的，也跟着它们往山上去了。

寒冬躲到了山顶。春天跟在冬天的屁股后面穷追不舍，一切生物也紧随着春天的脚步上山了。

来自北冰洋的回应

冰块和冰山在洋面上向我们这儿漂过来。有一些两肋呈黑色的浅灰色海兽躺在冰面上。它们是格陵兰海豹，它们将在这寒冷的冰上生下毛茸茸、白亮亮，有黑鼻头和黑眼睛的小海豹。

刚生下来的小海豹要在冰上躺好多日子，因为它们还不会游泳呢。

黑脸，黑腰的老雄海豹此时也爬上了冰。它们褪下自己那又短又硬的淡黄色的毛。在换完毛以前，它们也得在冰上漂流一段时间。

看啊，侦察人员们乘着飞机在海洋上空盘旋着——他们需要查清冰原的哪些地方还有携带着小海豹的雌海豹；哪些地方躺着换毛的雄海豹。

侦察完情况以后，他们就飞回去报告船长，说哪儿是海豹的聚集地——那些海豹躺在一起，把它们身下的冰面遮得严严实实的。

不久后，一艘载了许多猎手的特备轮船，穿过一片片冰原向那里驶去——他们要去猎取那些海豹。

来自黑海的回应

我们本地没有海豹，所以很少有人能见到这种海兽。它会从水中露出一段长达 3 米的乌黑脊背，然后又消失得无影无踪。有一只从地中海来的海豹，它经过博斯普鲁斯海峡，一个很偶然的机会，它就游到我们这儿了。

不过，还有其他种类的野兽也活跃在我们这儿——比如活泼的海豚。现在的巴统城附近一带，人们正在紧张地猎取海豚。

猎手们乘着小汽艇到海上巡游，仔细观察陆续从四处飞来的海鸥又飞向哪里。它们在哪里群聚，一准是因为有一些小鱼游荡在哪里，而海豚也一准会去那里。

海豚非常喜欢玩耍：它们在水上翻滚嬉戏，就像马儿在草地上打滚似的。有时，它们还会一只接一只的从水里跳出来，在半空中快乐地翻跟头。不过，这时可不能到跟前开枪——它们逃得很快。要在它们开怀大吃的地方开枪打它们。在这种时刻，把小艇停在离海豚 10 ~ 15 米的地方就行，要手疾眼快，及时开枪，打中后立刻把它拖上船，不然的话，死海豚就会沉入海底。

来自里海的回应

里海北部有冰原，所以在冰原上能看到很多海豹的窝。

不过，我们这儿的那些雪白小海豹已长大了，连毛都换了：先是变成深灰色，然后又变成棕灰色。海豹妈妈越来越少从圆圆的冰窟窿里钻出来了——它们快要给小海豹们断奶了。

海豹妈妈们也在换毛了。它们游到其他冰块上去，和躺在那里的一群群的雄海豹一起换新衣服。它们身下的冰已经融化了，所以只能爬到岸上，躺在沙洲或是浅沙滩上，继续换毛。

我们这儿回游类的鱼有里海鲱鱼、鲟鱼、白鲟鱼等。它们从大海的各处聚集在一起，组成一支密密麻麻的大队伍，游向伏尔加河，乌拉尔河河口一带。它们在那里安家，一直等到这几条河流解冻。

到那时，它们就要成群结队地到处奔走了——争先恐后地逆流冲向上游，急忙赶去产卵。那里也曾经是它们出生的地方。那些地方都远在北方，在上面提到的几条河流里，以及那些河流的小支流里。

沿着这些河流及其支流，渔民们布下渔网，等着捕捞这些归心似箭的鱼儿。

来自波罗的海的回应

我们这儿的渔民也做好去捕小鳁（wēn）鱼、小鲱（fēi）鱼和鳘（mǐn）鱼的准备了。守候在芬兰湾和里加湾的人们，一等到冰雪融化，就要开始抓鲑鱼、胡瓜鱼和白鱼了。

我们这儿的海港已经相继解冻，一只只轮船开出海湾，踏上远航的征程。

也有来自世界各国的船向我们这儿驶来。冬天就要走了，波罗的海的良辰吉日要来了。

来自中亚细亚沙漠的回应

我们这儿的春天喜气洋洋的。今年总下雨，此时还不到热的时候。到处长着鲜嫩的小草，偶尔连沙地里也能冒出小草。真不知道为什么今年的草长得这么茂盛。

灌木上长满了绿叶。沉睡了一个冬天的动物从地下钻出来了。屎壳郎、象鼻虫什么的也出来混了；亮亮的吉丁虫挤满了灌木丛；蜥蜴啊，蛇啊，乌龟啊，土拨鼠啊，跳鼠啊，也都爬出了深深的洞穴。

一队队的大黑兀鹰，下山来捉乌龟吃。它们会用自己那又弯又长的嘴，从龟壳里啄出乌龟肉来吃。

春天的客人纷纷飞过来了——小巧的沙漠莺，爱跳舞的鹟（wēng），云雀家族：鞑靼（dá dá）大云雀、亚细亚小云雀、黑云雀、白翅云雀、带冠毛的云雀。它们的歌声飘满了天空。

在温暖明媚的春天，连沙漠也有一番生机勃勃的气象——沙漠里孕育了多少生命呀！

我们和全国各地的无线电通报到此结束了。下一次通报将于6月22日举行。

候鸟归乡月（春季第二个月）

一年——分为 12 个章节的太阳诗篇

4月是积雪融化的月份！4月里，万物还没有完全苏醒，但4月的风就已经扑面而来了，这就是说明天气就要转暖了。你看吧，美好的事情还会接着发生！

春季的第二个月里，溪水会从山上流淌下来，鱼儿钻出水面。春天扫光了覆盖在大地上的积雪，又再接再厉的融化着水面上的浮冰。雪水汇成了小溪，小溪又悄悄流入了江河，江河里的水上涨，摆脱了浮冰的羁绊。春水泛滥在山谷间。

被春水和春雨滋润好了的大地，又披上了绿衣裳，上面还点缀着娇美的花儿。森林却还是赤条条地站在那儿，静静地等待着春天的恩惠。不过，树液已经在暗暗地流动了，树芽都爆了，春花满地，朵朵含笑。

鸟儿回乡潮

如汹涌浪潮般的鸟儿，大批大批的从越冬地飞回故乡。它们飞行时秩序井然，队列整齐，按照次序行进。

今年，鸟儿们还是守着千百年来的老规矩，按照一直以来的路线一如既往地飞行。

最先动身的，是去年最后飞离的那些鸟儿。最后上路的，是去年秋天最先飞离的鸟儿。最晚回来的，是那些有着华丽羽毛的鸟儿：它们非要等到草丰叶茂后才回来，如果回来早了，落在光秃秃的大地和树木上的它们过于显眼。现在，我们这儿没有能掩护它们的东西，使它们不容易躲避猛兽和猛禽。

鸟儿迁徙的空中路线，正好穿过我们市和列宁格勒州的上空。这条线路叫做波罗的海线。

这条空中路线一边是阴霾冰冷的北冰洋，一边是晴朗明媚的炎热地区。无数海鸟和在海滨上过冬的鸟都按照自己的行程，一队队的在空中飞行，队伍数不胜数。它们沿着非洲海岸，穿过地中海，经比里牛斯半岛海岸及比斯开湾海岸，越过一条条海峡、北海和波罗的海。

一路上它们历经诸多磨难。在这群羽族旅行者的面前，有墙壁一样的浓雾，有昏暗的迷阵，它们左冲右撞，有的迷了路，有的被尖削的岩石撞得粉身碎骨。

海上突然出现的暴风雨将它们的羽毛和翅膀折断，把它们卷进大海里去。

海上突然出现的寒流将海水冻成冰，有些鸟在饥寒交迫中死在半路，还有成千上万的鸟被雕、鹰和鸥吃掉。这些猛禽成群地守在这条路线上，不用费什么力，专门等着这些美味送上门来。也有成千上万只候鸟，死在猎人的枪下（我们在这期《森林报》上，登了在列宁格勒附近打野鸭的故事）。

然而，什么也阻挡不了羽族大队伍！它们穿过云雾，冲破一切阻力，向它们的故乡飞去，它们要回来啦。

我们这儿的候鸟有些是从印度飞来的；而扁嘴鳍鹬的越冬地更远，竟然是美洲。它们穿过亚洲，急急忙忙从越冬地返回阿尔汉格尔斯克附近的故居，大概需要飞 1500 公里，费时两个月。

戴脚环的鸟

你要是打死了脚上戴着金属环的鸟，那么请你把这环取下来，寄到脚环中心去吧！地址是：莫斯科，K－9，列宁大街 6 号。并请附一封信，在信中写明这只鸟被打死的时间和地点。

你要是捉到一只脚上戴着金属环的活鸟，那么请你记下脚环上的字母和号码，把鸟放生，然后写一封信，把你发现的字母和号码寄给上述单位。

要是打死或捉到这种鸟的人不是你，而是你认识的猎人或是捕鸟人，那么请你告诉他应该这样处理。

有关单位的工作人员把一种分量很轻的金属环儿（铝环）套在鸟儿的脚上。环上的字母，表示的是给鸟戴上脚环的国家和研究鸟儿的科学机构。至于那些号码——是科研人员的编号，在他们那里都有存底，是为了注明他给这只鸟戴上脚环的时间、地点。

科研人员们用这种方法来考察鸟类生活的惊人秘密。

这样的话，我们在遥远的，苏联北方的某地为一只鸟戴上脚环，即便后来它在非洲南部或是印度的什么地方被人抓住了，脚环也能被寄回来。

不过我们这儿的候鸟，并不全是飞往南方过冬的，也有飞去西方，东方的，甚至有的飞往北方！我们就用给候鸟戴脚环的办法，来探寻它们生活中的秘密。

林中大事记

泥泞

现在郊外满地泥泞，雪橇和马车都无法在林间道路和村道上走。我们为了获得森林里的一点消息，可费了大劲了。

从雪底钻出的浆果

林子沼泽地里的蔓越橘从雪底钻出来了。村子里的孩子们纷纷跑去采，他们说，越冬的陈浆果比新结的果子甜多了。

昆虫过节咯

柳树开花了。它的花儿就是轻盈的鲜黄色小球，这些花儿布满了它粗糙的灰绿色枝条。所以整棵树显得毛茸茸、轻飘飘的，洋溢着一团喜气。

柳树开花的时候就是昆虫的节日啊！在那穿着漂亮的树丛中，昆虫们像在过一个热闹、快活的枞树节似的。丸花蜂嗡嗡地上下翻飞；苍蝇昏头昏脑地瞎撞着；勤劳的蜜蜂在拨弄着一根根纤细的雄蕊，快乐地采集花粉。

蝴蝶在翩翩起舞。你瞧，这一只翅膀上长着雕花图案的黄蝴蝶，叫柠檬蝶；那一只眼睛很大的棕红色蝴蝶，叫荨麻蛱蝶。

这边还有一只长吻蛱蝶悄悄地落在毛茸茸的柳树花上面了，它那暗黑色的翅膀严严实实地遮住小黄球，此时它正在用吸管深深地伸到雄蕊之间去吸吮花蜜。

在这一簇生机盎然的柳树丛旁，还有一簇柳树，它们也开花了。不过，它们的花儿完全是另一番模样，是些不好看的，蓬松的灰绿色小毛球儿。上面趴着一些昆虫，不过它周围就没有旁边这棵树周围热闹了。然而那棵树上正在结籽呢！原来小飞虫们已经把小黄球上的黏花粉搬到灰绿色小毛球身上了。不久后，它小瓶子似的长长雌蕊里，都会结出种子的。

荑蓳花序

许多荑蓳花序在江河和小溪的两岸以及森林的边缘地带绽放了。这些花序不是从刚刚解冻的土地上钻出来的，而是在被春光晒得暖洋洋的树枝上绽放。

一串串长长的浅咖啡色小穗儿，此时正挂在白杨和榛树上，这些小穗儿就是荑蓳花序。

它们还是去年长出来的，不过，过了一个冬天后，它们就变得更加牢固结实。现在它们舒展开了，显得又松又软。

你摇动一下树枝，它们就飘出一缕缕烟尘般的黄色花粉。不过，在白杨和榛树的枝桠上，除了飘出花粉的荑蓳花序以外，还有另一种花——白杨的雌花。这些雌花是褐色的小毛球儿；榛子的雌花则是粗实的苞蕾，苞蕾中伸出了些粉红色的细须，看上去好像是躲在苞蕾中的昆虫的触须似的——其实那是雌花的柱头。每朵雌花都有少到两三个，多到甚至五个的柱头。

白杨和榛子的叶子现在还没长出来，风自由自在地在光秃秃的树枝间穿过，吹动了荑蓳花序，风挟着它的花粉，从一棵树撒到另一棵树上去。像粉红色须子的柱头把花粉接住——这些刺毛似的模样古怪的雌花受精了，到秋天后，它们将成为一颗颗榛子。白杨的雌花也会受精，等到秋天了，它们将成为包着种子的小黑球果。

蝰（kuí）蛇的日光浴

有毒的蝰蛇天天早晨都会晒太阳。它会吃力地爬到干枯的树墩子上，因为天气很冷，它身体里的血液还是凉凉的。蝰蛇晒暖和后，就变得活泼起来，然后就去捕捉青蛙和老鼠了。

蚂蚁窝有点动静了

我们发现了一个大蚂蚁窝，是在云杉树底下。起初，我们还以为那不过是一堆垃圾和枯针叶呢，怎么也没想到那是蚂蚁窝，因为我们之前没看见一只蚂蚁啊！

现在，蚂蚁窝上的雪化了，蚂蚁们都爬出来晒太阳了。经历了长时间的冬眠后，蚂蚁们的身体非常虚弱，粘成黑黑的一团，都躺在蚂蚁窝上。

我们轻轻地用小木棍儿拨弄拨弄它们，它们只勉强地动弹动弹。它们连向我们喷射有刺激性的蚁酸的力气都没有了。

还得再过几天，它们才会重新开始干活儿。

还有谁苏醒了？

从冬眠中醒来的还有蝙蝠和好多种甲虫（扁扁的步行虫啊，圆圆的黑屎壳郎啊，还有叩头虫，等等）。叩头虫会做惊险的表演——只要它仰面朝天，就会把头吧嗒一点，蹦个高儿弹了起来，然后在空中翻个跟头，稳稳落在地上。

此时蒲公英也开花了，白桦周身泛出了绿色的光芒，眼看就要冒出叶子了。

第一场雨过后，地面上爬着粉红色的蚯蚓，羊肚菌和鹿花菌等菌类也钻出头来。

池塘里

一片生机勃勃的景象出现在池塘里。青蛙离开了它在池塘淤泥中用水藻铺成的床，产下卵后便跳上了岸。

而蝾螈（róng yuán）却正好相反，现在它们正从岸上回到水里。橙黑色的蝾螈拖着一条大尾巴，它长得不太像青蛙，倒有点像蜥蜴。冬天一到，它们就会离开池塘去森林里，钻进潮湿的青苔里冬眠。

癞蛤蟆也苏醒了，也产卵了。不同的是，青蛙卵像一团团漂浮在水上的胶冻，上面全是小泡泡，每个泡泡里都有个圆圆的小黑点。而癞蛤蟆卵却是一串串的，有一根细带子把它们串在一起，然后附着在水草上。

森林里的清洁工

当冬天的严寒骤然到来时，有些措手不及的飞禽走兽会被冻死，然后就埋在了雪下。当春天来临时，它们的尸体就露出来了。不过，它们的尸体不会留在那里很久的——熊啊，狼啊，乌鸦啊，喜鹊啊，埋粪虫啊，蚂蚁啊，还有其他森林清洁工会处理的。

它们是在春天开花吗?

现在可以看到很多植物开花了,比如三色堇、荠菜、遏蓝菜、繁缕、欧洲野菊什么的。

你可别以为这些草也是从地底下钻出来的,跟春天开花的雪花莲一样。雪花莲是"先探出绿色的梗,然后拼尽它那小小的力气一伸腰",它的小花就绽放了。

而三色堇、荠菜、遏蓝菜、繁缕和欧洲野菊一直在寒冬中傲立,它们的花朵一直盛开着。等到盖在它们头上的残雪化尽,它们就苏醒了,已绽放的花朵和含苞欲放的蓓蕾也水灵灵的了。

去年晚秋时草茎上还有一些蓓蕾,现在都开出了花儿,正在草丛里望着我们呢。

你说,它们怎么能算是在春天开的花呢?

尼娜·巴甫洛娃

白寒鸦

在小雅尔契克村的学校附近,有一只传奇的白寒鸦,它总是和一群普通的寒鸦一起生活。老年人都说过去从未见过这样的鸟儿。我们这些小孩子实在弄不明白:怎么会有这么传奇的白寒鸦呢?

《森林报》通讯员 波良·西林采娜

葛勒·马斯洛夫

来自编辑部的解答:

正常的鸟兽有时会生下全身雪白的幼鸟幼兽。科学家认为:这是因为它们患了色素缺乏症。

这种疾病的症状有两种——一种是全身雪白,一种是部分雪白。患这种疾病的鸟兽体内缺少染色体（也就是能使羽毛和兽毛有色的色素）。

患色素缺乏症的家畜有很多，像白家兔、白鸡、白老鼠。

但生来就患色素缺乏症的野生动物并不多见。

患色素缺乏症的野生动物是难以生存的。有的刚生下不久就会被亲生父母咬死，侥幸活下来的，一辈子都要遭受同类的迫害。即便它能像小雅尔契克村的那只白寒鸦那样，被亲族们接纳，也往往活不长。因为大家一眼就能看见它，而那些猛禽猛兽更不会放过它。

稀罕的小动物

有一只啄木鸟在森林里尖叫了起来。我一听那刺耳的叫声就知道：啄木鸟遇到麻烦了！

我穿过密林一看，空地上的枯树上有个规规整整的窟窿——那是啄木鸟的窠。有一只罕见的小动物正顺着树干朝那里爬过去。我认不出来这是哪一种动物！它全身灰不溜秋的，尾巴短短的，没多少毛；耳朵像小熊的耳朵似的，小小的，圆圆的；眼睛像猛禽的眼睛，又大又凸。

这个小东西爬到洞口，往里面瞧了几眼，看来它是想吃鸟蛋……啄木鸟猛地向它一扑！小兽赶快闪到树干后面。啄木鸟追着它，小兽围着树干滴溜溜转，啄木鸟也跟着它转圈。

小兽越爬越高——快爬到树干的尽头了，此时它就要走投无路了！啄木鸟笃地狠狠啄了它一口！小兽纵身一跳，从空中滑翔到地面……

它伸开四只小爪子——像秋天落下来的一片枫叶似的，随着风飘走了。它的身子轻轻地左右摆动着，它的小尾巴像掌舵似的在转动着。它飞过了空地，落在了一根树枝上。

此时我才弄明白，原来它是一只会飞的鼯（wú）鼠。它的两胁上长着皮膜。它只要蹬着四条腿，打开两胁的皮膜，就能飞了。它是森林里的跳伞运动员！只可惜这种小动物太稀少了！

《森林报》通讯员　尼·斯拉底科夫

飞鸟带来的快报

春　汛

春天带给林中的动物许多灾难。雪融化得很快，导致河水泛滥淹没了两岸。有些地方已然洪水成灾。我们接到来自四面八方动物受灾的消息。最倒霉的是兔子、鼹鼠、田鼠以及一些在地上和地下居住的小动物。水闯进了它们的家，它们只好逃出来了。

每一只小动物都想尽办法自救。小小的鼩鼱从地洞里逃了出来，它爬上灌木丛苦等大水退去，因为一直挨饿，所以一副可怜巴巴的样子！

当大水漫上岸时，地洞里的鼹鼠差一点被闷死。它逃出地洞，蹿到水里游了起来，四处寻觅一个干燥的地方待着。

鼹鼠是个出色的游泳运动员。它畅游了几十米后，终于找到一个满意的地方。它非常庆幸，自己那油黑晶亮的毛皮浮在水面上时居然没有被猛禽发现。

它上岸后，又很麻利地钻到地下了。

树上的兔子

有一只兔子遭遇了以下经历。

这只兔子住在一条大河中的小孤岛上。它每天夜里都出来啃小白杨树的树皮吃，白天它害怕被狐狸或者人发现，就躲在灌木丛里。这只兔子年龄尚小，而且有点笨笨的。有一天，河水泛滥，把许多浮冰冲到了小岛四周，发出噼里啪啦的响声，可是这只小兔子根本没有察觉到。

那个时候，兔子正躺在灌木丛里舒舒服服地睡大觉呢。它被太阳晒得暖暖的，所以没有发现河水在疯涨。直到它身下的毛湿了，这才醒了过来。等到它跳起身时，四周已是一片汪洋了。

大水来了！现在水刚浸到兔子的爪子，它向岛中央蹿去，那里没有被水淹没。

可是河水涨得快极了。小岛上的干地面越来越小，越来越小。小兔子蹿来蹿去，十分慌张。眼看着整个小岛就要被淹没了，可它又不敢往湍急冰冷的水里跳。它怎么能游过去呢！它苦熬了整整一天一夜。

到了第二天早晨，只剩下一小块干地了，地上有一棵粗大的树，树干上长满了节疤。这只吓得没了魂儿的小兔子，绕着这棵树瞎跑。

到了第三天，大水已经漫到树跟前了。兔子急忙往树上跳，可是每次都扑通一声掉下来，然后就跌到了水里面。最后，兔子终于够到了那根最低的粗树枝，它就待在那上面默默地等着大水退去了。此时河水已经不再上涨了。

小兔子并不担心会饿死，因为尽管老树皮又硬又苦，但是还可以勉强充饥。倒是风让它感到害怕。树被风吹得东摇西晃的，小兔

49

子几乎要被甩下来了。它就是水手，水手是趴在船桅上的，而此时，它脚下的树枝也像是剧烈摇摆中的船桅，下面奔流着一眼望不到底的冰冷河水。

整棵的大树、木头啊，原木啊，稻草啊，还有动物的尸体啊，全都在宽阔的河面上漂流着，漂过兔子身下。只见有一只死兔子，在波涛里晃晃悠悠地慢慢漂过它身旁，这只可怜的兔子吓得浑身哆嗦了起来。它那只已死去的可怜的同类，被水中的一根枯树枝绊住了，于是它肚皮朝天，四脚僵直，随着树枝漂流着。

这只小兔子在树上待了3天3夜，大水才退去，小兔子才跳到了地上。现在，它依旧住在这座孤岛上，直到夏天河水的水位变浅了，它才能跨过浅滩搬到岸上去住。

乘船的松鼠

渔人在一片水洼中布下袋形网捕鳊（biān）鱼。他划着一只小船，慢慢穿行在那些冒出水面的灌木丛之中。他发现在一棵灌木上，好像长出了一团奇怪的，浅棕黄色的蘑菇。那只蘑菇居然冷不丁地跳到渔人的小船里。渔人定睛一看，原来这是一只毛乱蓬蓬的、湿淋淋的松鼠。

松鼠被渔人送到了岸边，它马上跳下船来，蹦蹦哒哒钻到树林里了。谁知道它怎么就会出现在水中的灌木上呢？谁又知道它在那里待了有多久呢？谁都不知道。

连鸟类都遭殃了

鸟类并不怎么害怕发大水这件事。可是，如今它们也因此而饱受折磨呢！有一只淡黄色的鹞鸟在一条大渠的边上筑了窝，在窝里生下了蛋。大水来了，冲毁了鸟儿的窝，也冲走了窝里的蛋，鸫鸟只好重新再建一个家了。

树上的沙锥焦急地等着大水退去。沙锥是住在林中的沼泽地里的一种动物，专门靠它那长长的嘴在软软的稀泥里觅食。它那双天生就便于在地上行动的脚，如果要一直站在树上，就好比让狗站在栅栏上那么别扭。但它不得不待在树上，只能盼着自己能够早点走在泥沼地里用长嘴刨食。它是离不开那块沼泽地的！因为，别的同类占据了其他领地，它们是不会让它过去觅食的。

意外收获的猎物

某天，我们的一位《森林报》通讯员，同时他也是一位猎人，悄悄地靠近了一群栖息在湖中灌木丛后面的野鸭。猎人脚踏高统胶靴，小心翼翼地在水上穿行，漫上湖岸的水没过了他的膝盖。

这时，他突然听见正前方的灌木丛后面有鱼儿扑腾的声音，接着他看到一只怪物露出了长长的、光溜溜的、灰色的脊背。他当下没有多考虑，就用准备用来打野鸭的霰弹对着那不知名的怪物连开了两枪。灌木丛后的浅水一阵翻腾，激起了许多波浪，后来就悄无声息了。猎人走上前去一看，原来射杀了一条约有一米半长的梭鱼。

眼下正是梭鱼产卵的时节，梭鱼从河中，湖里，游到被春水淹没了的岸上的草丛中产卵。小梭鱼孵出来之后，就会随着退下来的水再回到河中，湖里。猎人没有想到这回事。否则，他一定不会干这种违法的事的——法律禁止人们开枪捕猎春天游到岸边产卵的鱼——连捕猎梭鱼和其他食肉类的鱼也不行。

残余的冰块

曾经有那么一条冰道，横穿过小河的河面，这条冰道是人们驾着雪橇行走的路。可是春天光临后，河面上的冰就浮了起来，逐渐断裂了。于是，这一段冰道就晃晃悠悠的，随着流水往下游漂去了。

这块断裂的冰块很脏，残留着马粪，雪橇的车辙印和马蹄印，还有一颗马掌上的钉子。刚开始，冰块是漂流在河床里的，有一些小白鹡鸰不时从岸上飞到冰块上面，啄食那些浮在冰上的小苍蝇。到后来，大水漫过堤岸，这大冰块也被冲进草场了。鱼儿快乐地穿梭在由草场变成的水泽之中，还会在冰底下游过。

一天，有一只黑色的小野兽，从冰块旁边的水面钻了出来，爬上这块冰块。原来这是一只鼹鼠。草场被大水淹没了，地底下没办法顺畅呼吸，所以它就浮出水面，寻找别的去处。恰巧这漂浮的冰块的一角被一座土丘挂住了，鼹鼠赶紧跳上土丘，麻利地挖了个洞钻进去了。

流水继续推着冰块向前走着。它漂啊，漂啊，来到了森林，撞到了树墩，又被挡住了。于是冰块变成了一大群遭遇水灾的陆栖小动物——森林鼹鼠和小兔子的家。这些落魄的小动物们遭受了同样的灾难，都被死亡威胁着。这些小可怜们饥寒交迫，都被吓坏了，它们彼此紧紧地挤成一团。幸好大水很快就退了。冰块也被阳光融化了，只把那马掌上的钉子留在了树墩上。小野兽纷纷跳到地面上，各奔西东了。

在河里、湖里

密密匝匝的木材漂浮在小河里——人们开始借助河水来运输冬天砍伐的木材了。木筏工人在小河汇入江湖的地方筑了一道坝，将小河口堵住了，然后在那里将拦住的木材编成木筏，让这些木筏继续向前流。

有几百条小河穿行在列宁格勒州的密林里，有不少都汇入了姆斯塔河，姆斯塔河则注入伊尔明湖，从伊尔明湖流出的宽阔的伏尔霍夫河会注入拉多加湖，从拉多加湖中又会流入涅瓦河。

伐木工人冬天的时候会在列宁格勒州的密林里伐木。春天一到，他们就让小河把木材带走。于是，那些木材就会顺着大大小小的河道漂流了。有时候，寄居在木材里的木蠹蛾也会跟着到列宁格勒来了。

工人们常会遇到各种各样的趣事。他们中的一个人给我们讲了这么一个故事：一天，他看见一只松鼠坐在小河边的树墩上，用两只前爪抱着一颗大松果在啃。这时，突然有一只大狗汪汪叫着从树林里冲了出来，死命向松鼠扑过去。松鼠如果逃到树上去就能逃生了，但附近一棵树都没有。松鼠急忙丢下大松果，把它毛蓬蓬的大尾巴翘到背上，向小河边飞奔过去。狗在后面猛追。那时，河面上正浮着密密匝匝的木材。松鼠赶忙跳到了离自己最近的那根木头，一根接着一根地向前跳。狗儿也不顾一切地跟着跳上了木头。可是狗的腿又长又僵硬，怎么能在上面跳呢？木材在水面上打着滚儿，狗的后腿一打滑，前腿也接着滑，就掉进水里。这时，又有一大批木材浮在河面上。转眼间狗就不见了。那只机灵轻巧的松鼠，此时正蹦蹦哒哒的跃过一根又一根的圆木，很快就蹿到对岸了。

还有一个伐木工人看到了一只棕色的怪兽，这只怪兽有两只猫那么大。它趴在一根单独漂浮的木头上，嘴里还叼着一条大鳊鱼呢！

这家伙舒展了身子，安然地吃完美餐，挠了挠痒痒，打个哈欠就钻进水里了。

原来，这是一只水獭。

鱼儿在冬天干什么

在天寒地冻的冬天，鱼儿们几乎都在睡大觉。

早在秋天的时候，鲫鱼和冬穴鱼就去河底的淤泥里睡觉了。鮈（jū）鱼和小鲤鱼则在有沙底的水洼里过冬。鲤鱼和鳊鱼去长满芦苇的河湾或是湖湾里的深坑里躺着。鲟鱼一到秋天，就去大河底的沟里扎堆，密密麻麻地住在一起。冬天的严寒是冻不透那里的，河水越深，底部的水就越暖和。

还有一些鱼不冬眠。这些鱼冬天的时候都干什么呢？你们看了这期的《森林报》就知道了。

上面提到的冬眠鱼，现在都睡醒了，开始忙着产卵去了。

祝您钓到大鱼！

古代有一种非常可笑的习俗——每逢猎人外出打猎时，别人总要送他类似这样的话："祝您连根鸟毛都抓不到！"可对外出钓鱼的人却说："祝你钓到大鱼！"

我们《森林报》的读者里有不少喜爱钓鱼的人。我们不仅为他们送上美好的祝愿，还准备为他们献上最诚恳的忠告，告诉他们：什么鱼何时在哪儿容易上钩。

河水解冻后，就要赶快用蚯蚓当食饵去钓山鲶鱼了，要把蚯蚓食饵垂到河底哦。只要池塘里和湖里的冰融化了，就可以钓红鳍鱼了。红鳍鱼喜欢在岸边去年的陈草丛里逗留。再过一段日子，就可以用底钩钓小鲤鱼了。当河水逐渐清澈以后，就可以用小活鱼这样的饵料和绞竿，鱼叉等工具捞大鱼了。

我国著名的捕鱼专家库尼罗夫曾说："捕鱼人应该搞清楚鱼类在不同季节的各种天气条件下的各种生活习性，当他在河边或是湖岸时，就有可能找到容易让鱼儿上钩的好地方。"

春汛过去后，河岸重新露了出来，河水也变清澈了。现在正是钓梭鱼、硬鳍鱼、鲤鱼和鳜鱼的好时机。要在以下这样的地方钓鱼：河口里、浅滩、石滩旁、陡岸、深湾附近，尤其是那些岸边有淹在水中的乔木和灌木的地方；还有啊，在水面平静，可以将鱼钩抛到水中的河道狭窄区；在桥墩下、木排或是小船上；在水磨坊的河堤上……对上述地方而言，无论从两岸树丛下的深水还是浅水里，都可以钓到鱼。

库尼罗夫还曾说："普通的，带浮标的那种钓鱼竿，无论在各种水域，从初春到深秋都能用。"

我们从 5 月中旬开始，便可以用红虫子当饵，在湖泊和池塘里钓冬穴鱼了；再晚一阵子，就到了钓斜齿鳊、鳜鱼和鲫鱼的时候了。钓鱼的好地方是：岸边的草丛里、灌木丛旁和 1. 5 米到 3 米深的河湾处。不要在一个地方钓太久——如果鱼不再上钩了，就换到另一丛灌木处，或是去芦苇丛、牛蒡丛。坐在小船上更容易钓到鱼。

等到平静和缓的小河水变得清澈，就可以在岸上钓鱼了。此时最适于钓鱼的地方有：陡峭的岸边、河心里有许多残树枝的坑洼旁、还有岸边长满杂草和芦苇的河湾上。

有时候，我们很难从小河湾和树丛旁那里走，因为河岸那里比较泥泞，四周又都浸满了水。不过，如果能踩着草墩，或是穿高统靴走过去，把带着鱼饵的钩甩到牛蒡丛后或是芦苇丛里，就有机会钓到好多鳜鱼和斜齿鳊。

要在河岸钓鱼，就得沿着岸细心寻找好地方。然后找到没有被人钓过鱼的地方，扒拉开树丛，把鱼饵甩进去。还有桥墩旁啊，小河口和水磨坊的堤坝上啊，都是好地方，经常能找到鱼，顺利地钓到鱼。

用豌豆、蚯蚓和蚱蜢做鱼饵，可以钓到大鲤鱼，就用那种普通的，带浮标的钓鱼竿就行，5月中旬到9月中旬之间，也能用没有浮标的钓鱼竿。

适于用没有浮标的钓鱼竿钓各种淡水鳜鱼的地方有：大水坑、河道曲折、水流湍急的地方；林中小河里水面宽阔、平静无风；河中央堆满了被风刮倒的树木的地方；岸边布满灌木丛的深水潭；堤坝和石滩的下面。

有几种鳜鱼只能在石滩和暗礁附近钓到。有几种小鲤鱼和小型鱼，要到离岸不远，水流湍急的浅水中，或是河底有砾石的河汊中才能钓到。

林木大战

不同的林木种族之间也经常会有战争。我们派了几位特约通讯员去前线采访。他们先是去了白胡子百年老云杉生活的地方。那些老云杉战士，个个都有两根，甚至三根电线杆那么高哩！

这里阴森森的。老云杉战士们沉着脸，僵直地站在那儿，也不出声。它们的树干，从根部到梢部都是光秃秃的，只是偶尔会从树干中生出些弯弯曲曲的枝条，看起来也都快要枯死了。大树在高空中蓬蓬的针叶树枝互相缠绕着，像是一座巨型屋顶，严严实实地遮住了它们的领土。阳光射不穿那层屏障，林子下面黑糊糊的，闷闷的，充满了一种潮湿、腐朽的味道。偶然落脚的绿色小植物全夭折了；只有灰苔藓和地衣喜欢这种沉闷的生活：它们喝着主人的"血"——树液，放肆地密集地生长在战死大树的尸体上。

我们的特约通讯员在这里一只野兽也没遇到，也没听见一声小鸟的叫声。只遇到一只来这里躲阳光的孤僻猫头鹰。我们的通讯员吵醒了它，它愤怒地竖起了毛，抖着胡子，角质的钩形嘴巴发出瘆人的叫声。

没有风的日子里，这里一片沉寂。有风刮过时，那些坚定、挺拔的巨树，也只是摇一摇自己布满针叶的树梢，发出气嘘嘘的声音。

在老林子里，要数庞大的云杉个子最高，体格最强壮，拥有的成员最多了。

我们的特约通讯员走出云杉的地盘后，又走进了白桦和白杨的地盘。这里白皮肤、绿头发的白桦和银皮肤、绿头发的白杨，用窸窣的掌声欢迎着他们。无数的鸟儿在枝头唱着歌。阳光从树梢的叶间倾泻下来，那儿的景象是绚烂多彩的——斑驳的阳光不时在闪烁，照出了金黄色的小蛇、圆圈儿、月牙儿还有小星星等形状，跳跃在光滑的树干上。矮小的草类种族密集在地面，显然，它们很享受被绿帐篷遮蔽的感觉，有一种在自己家里的愉悦感。我们通讯员的脚下有很多野鼠、刺猬和兔子。有风刮过的时候，这快乐的地盘里就一阵喧哗。没有风的时候，这里也不安静：白杨树叶颤颤地发出了沙沙的声音，像是在日夜不停地窃窃私语。

这个国度有一条界河，河的另一边是一片荒漠，这里原有的森林被伐木工人们在冬天的时候采伐光了。过了这片荒漠后，又是巨大的云杉林，它们像一堵黑黝黝的屏障似的。我们编辑部的人知道，森林里的冰雪一旦融化，这片荒漠立刻就会变成一个战场。各种不同的林木种族的居住地都是拥挤不堪的，所以只要附近有一点新地方空出来，每个种族都急着要抢到手。我们的通讯员过了界河，在这荒漠上搭了个帐篷住了下来，准备亲眼见证这场战争。

在一个阳光和煦的清晨，远方传来了一阵噼啪声，好像敌我双方对射的枪声似的。我们的通讯员匆匆忙忙赶到那里。原来，是云杉们开始进攻了。它们派出空军去占领这片空地。云杉的大球果被太阳晒得发出了噼里啪啦的声音，纷纷裂开了。

每个球果裂开的时候，都发出砰砰的一响，好像有人在用玩具小手枪似的。紧包着球果的外壳一下子张开了。球果就像是一个秘密的军事基地，它一张开，里面就有许多小小的滑翔机——种子飞出来。风把它们托住，一会儿碰得高高的，一会儿又压得低低的，挟着它们一路在空中旋转着。每棵云杉上都结着成百上千个球果。而每颗球果里都藏着一百多粒种子。无数的种子飞翔在空地的上方，然后降落。云杉种子比较重，而且只有一个扇形翅膀，小风不能把它吹到更远的地方。它们没能飞到大片的空地，往往在半路上就落地了。

几天后，有一场大风刮过，云杉的种子终于把空地全占领了。接下来的几个春寒早晨，娇弱的种子差点被冻死。还好后来有一场温暖的春雨降落，大地变得松软后才接纳了这批小小的移民。

云杉种族占领空地的时候，界河那边的白杨正开着花呢。它们那毛茸茸的菜黄花序中的种子，才开始成熟。

一个月后，夏天越来越近了。

云杉种族阴森森的地盘上有了佳节的欢快气氛。在云杉的树枝上，有红蜡烛出现了——原来是新生的球果。每颗云杉都换上盛装：墨绿色的针叶树枝上，缀满了金灿灿的菜黄花序。云杉开花了，它们是在悄悄地孕育明年使用的种子呢。

现在，那些埋在空地里的种子，在温暖的春水的滋润下膨胀了起来。它们即将破土而出，以小树苗的面貌来到这个世界上。

可是，白桦还没开花呢！

我们的通讯员认为：这片空地一定会完全被云杉占领，而其他林木种族将错失机会。他们觉得自己这个想法很靠谱，断定它们不会起战争了。

编辑部人员希望能收到通讯员们为下一期《森林报》寄来的，新的详细报道。

农事记

雪刚化，集体农庄的人们就把拖拉机开到田里去了。拖拉机可以耕地、耙地，如果给拖拉机安上钢爪的话，它还能铲除树墩，开辟荒地呢。

一些黑里透蓝的秃鼻乌鸦，大模大样地跟在拖拉机后面；一些灰色的乌鸦和白腰身的喜鹊，在地垄间蹦蹦跳跳；它们都在翻起来的土块中找蛆虫、甲虫和它们的幼虫吃。

地耕过了，耙平了，拖拉机已经开始拖着播种机在田里播种。选好的种子被均匀地一行一行撒在田里。我们这儿最先种的是亚麻；然后是娇气的小麦；接着就是燕麦和大麦，它们都属于春播作物。

至于像黑麦和小麦那样的秋播作物，现在已经离地好几厘米高了；这两种麦子是在去年秋天的时候种下的，在雪下过了一个冬天，如今发了芽，现在正拼命长个呢。

在清晨和黄昏的时候，时而会从生气勃勃的绿丛中传来吱吱的声音，好像有一辆看不见的大马车驶过，又好像有一只大蟋蟀在唧唧地叫着："契哦哦——维克！契哦哦——维克！"

那声音既不是大车发出的，也不是蟋蟀发出的——原来是号称"美丽的田公鸡"的灰山鹑在叫着。它长着灰色的毛，还有点白色的花斑，橘黄色的颈部和两颊，黄脚，红眉毛。此时，它的妻子正在绿树丛中的某个角落里建窠。

草场上长出了青青的嫩草。牧童们在黎明时就把牛群、羊群赶去草场了。这些动物的叫声很响，把住在集体农庄小房子里，还在做美梦的孩子们吵醒了。

人们有时会看到马背或是牛背上有一些奇怪的"骑士"，那就是寒鸦和秃鼻乌鸦。牛向前走着，那有翅膀的小骑士就在牛背上"笃笃"地啄着，本来牛也可以甩甩尾巴，像撵苍蝇似的赶走它们。可是牛在忍耐着，并不去撵它们。这又是为什么呢？

原因很简单：反正小骑士们也不沉，而且它们对牛啊、马啊都有好处呢。寒鸦和秃鼻乌鸦会啄食藏在它们毛里的蝇、虻及幼虫，还有苍蝇在它们擦破或是碰伤的皮肤上产的苍蝇卵。

肥硕硕，毛乎乎的丸毛蜂早苏醒了，嗡嗡地鸣叫着；亮晶晶的细腰身黄蜂快乐地飞出了窝；蜜蜂也该出来逛逛了，人们将蜂房放到养蜂场上。长着金黄色翅膀的蜜蜂爬出蜂房，晒了个日光浴，伸了伸翅膀，就飞去采甜甜的花蜜了。这是它们今年第一次采蜜哩！

集体农庄的植树活动

春天，我们列宁格勒州各个集体农庄都栽了数千公顷的树木。许多地方新开辟了面积在 10 到 50 公顷的苗木场。

集体农庄新闻

新城市

昨天不过一晚上的工夫，果园附近就冒出了一座新城市。城里房子的样式是整齐而统一的。听说这些房子不是盖的，而是用担架抬过来的。

这个城市里的居民很喜欢今天晴朗的好天气，都出来游玩了。它们在自己家的上空盘旋着，努力记住所在的街道和所住的地方。

马铃薯过节

假如马铃薯会唱歌的话，你们今天一定能听见一首顶快乐的歌。原来，今天是马铃薯的一个很大的节日——今天，它们被运到田里了。人们小心翼翼地把它们装进木箱里，搬到汽车上，就运过去了。

为什么要小心翼翼，还要装在木箱而不是装进麻袋里呢？那是因为每一颗马铃薯都发芽了。多么可爱的芽呀——短短的、胖乎乎的、毛茸茸的、晒得黑黑的。它们下面布满了许多白色小凸包——很快就要生出马铃薯根来了。芽的上端是尖尖的，已经露出小小的叶子来了。

神秘的坑

人们在秋天时，就在校园里挖好了一些坑，也不知道这些坑的用途是什么。常会有青蛙掉到坑里去，所以，好多人以为这是专门逮青蛙用的陷阱。

可是现在连青蛙都弄明白了：挖的这些坑是用来栽果树的。

孩子们往坑里分别栽了苹果树、梨树、樱桃树还有李子树。一个树坑里栽一棵。他们还往每个坑里立一根木桩，把小树绑在木桩上。

修"指甲"

集体农庄里的美容师，正在给牛修"指甲"。他把它们的四只蹄子都刷干净，再把指甲修好。不久，它们就要到牧场去了，所以总得把它们的"指甲"修好。

开始在田里干活儿了

拖拉机昼夜不停地在田里轰隆轰隆地耕地。夜里，拖拉机手单独在田里工作，没有人做伴；到了早上，就有一群寒鸦死盯着拖拉机。它们忙得团团转，拼了命也吃不完被拖拉机翻出来的那些蚯蚓。

在江河和湖泊附近，跟在拖拉机后面的不是一群寒鸦，而是一群白鸥：白鸥也非常爱吃蚯蚓以及在土里过冬的甲虫的幼虫。

奇怪的芽儿

一些黑醋栗上面长着一种奇怪的芽。它们很大，而且圆圆的。有些张开的芽长得很像极小的甘蓝叶球。我们把这样的芽放在放大镜下仔细观察，不由惊叫了起来！那里面住满了一大堆讨厌的生物——它们长长的，弯弯的，还在那蹬着腿儿一抖一抖的呢！

怪不得树芽胀得这么大啊！原来是扁虱躲在芽里过冬呢。扁虱是黑醋栗最可怕的敌人。它们不仅会毁了黑醋栗的芽，还把传染病带去，使黑醋栗结不了果实。

如果一棵黑醋栗上膨胀的芽还不多，就得在扁虱还没爬出来之前，赶紧把这种树芽全摘下来烧掉。有很多这样膨胀的芽的黑醋栗，就只能被整棵处理掉了。

顺利飞来的小鱼

我们的集体农庄飞来了一批小鱼——是刚满一岁的小鲤鱼。鱼儿当然是不会飞的，它们是被装在矮木箱里，搭乘飞机飞来的。现在它们都还活得好好的，健健康康的，已经欢欢喜喜地在我们的池塘里游来游去了。

城市新闻

植树周

积雪早就融化了，土地也解冻了。城市和州里的植树周也开始了。在春天植树的这些日子，成了我们盛大的佳节。

在学校的园地上、花园里、公园里，以及住宅旁和大路上到处能看到孩子们忙碌着的身影，他们在挖树坑。

涅瓦区的少年自然科学家试验站为孩子们准备了几万棵果树插条。

苗圃也分给海滨区的各学校两万棵云杉、白杨与槭树的苗木。

列宁格勒　塔斯社

林木种子储存罐

这里有一片广阔无垠的田地，要保护这里不受风害，得种多少棵树呀！我们学校里的孩子们都知道造护田林的重要性。因此在春天的时候，六年级甲班教室里便摆了一只大木箱，即林木种子储存罐。孩子们用桶盛着种子，带到学校倒进木箱里。有人带了槭树种子，有人带了白桦的荑黄花序，也有人带了结实的棕色橡实——就说维加吧，他光是收集梣（chén）树种子，就有 10 千克。到秋天的时候，林木种子储存罐已经满满的。我们将收集到的种子全都送给政府了，让政府建立新的苗圃。

丽娜·波丽阔娃

在果园和公园里翩翩起舞

有一层柔和、透明的雾笼罩着树木，树木就好像是蒙上了一层绿纱。等到树木长出第一批叶子后，这层“薄纱”就会褪去了。

一只漂亮的大蝴蝶飞了出来，这是长吻蛱蝶。一身褐色中点缀着浅蓝色斑点，像天鹅绒般美丽，它双翅的末梢发白，像褪了色似的。

又有一只有趣的蝴蝶飞出来了。它长得很像荨麻蛱蝶，只是个子更小一些，颜色没那么鲜明，全身淡棕色。它的翅膀类似锯齿，好像是被扯破了似的。

你捉一只仔细看看，就能看到它翅膀下方有一个像字母“C”的白色图案。简直让人以为是谁特意在这只蝴蝶身上打了个白色图案“C”的记号。这种蝴蝶的学名就叫“C”字白蝶（中国名字叫葑（fēng）蝶）。不久之后，两种白蝴蝶——小粉蝶和大白蝶，也要出来了。

七鳃鳗

从列宁格勒到库页岛的大大小小的河域里，都生存着一种奇怪的鱼。它的身子又细又长——你乍一看还以为那是一条蛇呢！它的鳍没有生在身子两边，而是生在了背上和离尾巴很近的地方。它游泳的时候，身子扭来扭去的，确实很像一条蛇。它的皮软软的，没有鳞。它的嘴和普通的鱼嘴不一样，它的嘴是一个漏斗形的圆孔，是个吸盘。你看到这吸盘，会觉得它根本不是鱼，而是巨大的水蛭。

在我们乡下，人们都叫它七孔鳗，学名七鳃鳗。因为在它的身体两侧、眼睛后面，每一边都长着 7 个呼吸孔。

七鳃鳗的幼鱼长得很像泥鳅。孩子们常用它们当鱼饵去钓食肉的大鱼。七鳃鳗有时候会用吸盘吸着大鱼，跟着大鱼在河里游逛，大鱼怎么也甩不掉它。渔人们还告诉我们，有时候七鳃鳗还会吸着水底下的石头。当它吸住石头后，就会拼命地扭动全身，不断地扭啊、拉啊，石头居然被搬动了——这种鱼的力气真的够大的！七鳃鳗搬开石头后，就留在石头底下的坑里产卵。这种奇怪的鱼还有个学名叫石吸鳗。

它的样子是挺丑陋的，不过把它用油煎一煎，蘸着醋吃，却好吃得很呢！

大街上的生活

蝙蝠一到夜间就开始空袭城市的郊区。它们丝毫不理会路上来来往往的人，只忙着在空中追捕蚊子和苍蝇。

燕子也飞来了。我们列宁格勒州的燕子有三种：一种是家燕，它长着叉子似的长尾巴，喉咙那儿有一个火红的斑点；一种是金腰燕，短尾巴，白脖子；一种是灰沙燕，个头小小的，灰褐色，白胸脯。

家燕把窝搭在城市四郊的木房上；金腰燕的窝多搭在石头上；而灰沙燕，会和它们的孩子生活在悬崖的岩洞里。

雨燕总是姗姗来迟。雨燕和普通燕子的形状不同，它们不时发出刺耳的尖叫声，而且喜欢在房顶上空盘旋。它们浑身乌黑，翅膀是半圆形的，像一把镰刀，不像普通燕子那样，是尖角形的。

市区里的鸥

涅瓦河刚刚解冻，河的上空就出现了鸥。它们对轮船和城市的喧闹声毫无感觉，就在人的眼皮子底下安然地从水里捉小鱼吃。

鸥飞累了，就大模大样地停在铁皮房顶上休息。

有翅膀的旅客搭乘飞机

谁也没想到飞机里的旅客是有翅膀的小飞虫。只是听到那一阵阵的嗡嗡声后才猜想到这一点。一批来自高加索的蜜蜂分散在 200 间舒服的客舱——三合板木箱里。800 个蜜蜂家庭被从库班空运到我们列宁格勒来了。

这些小旅客得到的待遇很好，飞机上的工作人员给它们提供了"蜜粮"。

尼·伊夫琴科

太阳雪

5 月 20 日的早晨，大太阳明晃晃的，东方的天空蓝莹莹的，可是没想到此时竟下起雪来了。晶莹的雪花像萤火虫似的，在空中轻飘飘地飞舞着。

冬天呀！你不要再吓唬人了，现在你派来的寒雪已经没有多少张牙舞爪的时间啦！这光景，就好像夏天的太阳雨一样——这样的雨会使蘑菇长得更快。现在，雪一落地就融化了。

我要到郊外的森林里看看，也许我会发现，在那雪一落就化的地面，有一大堆满是褶儿的褐色小蕈伞——也就是早春第一批好吃的蘑菇——羊肚菌。

《森林报》通讯员　维立卡

布　谷

5月5日早晨，郊外的公园里响起了布谷鸟的第一声叫。

过了一星期后，在一个温暖、宁静的傍晚，忽然在灌木丛里传来什么鸟儿的清脆的鸣叫声。那叫声好听得很！起初它只是轻轻地叫，后来就越叫越响，再后来索性放声歌唱了起来。那歌声层层叠起，好像一粒粒珍珠落入玉盘似的！

这时候，大家都恍然大悟，原来是夜莺在唱歌。

猎事记

在市场上

列宁格勒的市场上这段时间正在出售各式各样的野鸭：有浑身乌黑的；有长得像家鸭的；有个儿挺大的；也有个儿很小的。有些野鸭的尾巴像锥子似的，又长又尖；有些野鸭的嘴像铲子那样宽；而有些野鸭的嘴巴就很窄。

一个没有多少生活常识的主妇去买野味儿，真是够糟糕的！她买了一只野鸭回去，烤好后却没人吃，那是因为这只野鸭有一股鱼腥味儿。原来，她买的要么是一只专吃鱼的潜水矶凫，要么就是一只秋沙鸭，甚至根本不是任何一种野鸭，而是一只潜水鹏鹏（pì tī）。

一个有经验的主妇，只要看一看野禽小小的后脚趾，就能一眼辨出是潜水矶凫还是好野鸭。

潜水矶凫的后脚趾上突起的厚皮很大，而河面上那些"珍贵的"野鸭的后脚趾上突起的厚皮只有一小片。

在马尔基佐夫湖上

春天的马尔基佐夫湖上有许多野鸭。

在涅瓦河河口和科特林岛之间的芬兰湾，自古以来便被人们称为马尔基佐夫湖。列宁格勒的猎人们都喜欢去那打猎。

你到了斯摩林河上就能看到，斯摩林墓场附近的一些小船，形状稀奇古怪的，有白色的，也有与河水同色的。这些船的底部完全是平的，船头和船尾往上翘着，船身倒是不大，却格外地宽。原来这是打猎用的划子。

如果你运气好的话，在黄昏时分能遇上一个猎人，他会把划子推进小河，带着枪和其他东西上船，用一支桨顺水划去。划20分钟左右，就能到马尔基佐夫湖了。

涅瓦河上的冰早就融化了，不过河湾里还是有一些大冰块。划子排开污浊的浪，飞快地向大冰块冲去。猎人划到一块很大的浮冰旁，泊好划子后，就跨了上去。他在皮袄外披了一件白色长衫，然后把一只用来引诱雄野鸭的雌野鸭圈子从划子中擒出来，用绳拴好后放在水里，并将绳子的另一头拴到冰块上。雌野鸭立刻叫了起来。

猎人坐上划子离开了。

叛徒雌野鸭和白衣隐身人

猎人不用等多久，远处的水面上便飞过一只野鸭，这是一只雄野鸭。它听到雌野鸭的叫声后，就向这边飞过来了。它还没飞到雌野鸭的身边，只听"砰"一声枪响，接着又是一声，雄野鸭就跌落到水中了。

野鸭圈子忠实地履行着主人赋予它的职责：它一遍遍地叫着，心甘情愿的做野鸭界的一个叛徒。在它的召唤下，有许多不明真相的雄野鸭从四面八方飞过来了。

它们的心思全放在雌野鸭身上了，却没留意白花花的冰块旁边停着一只白色的划子，划子上还坐着一个身披白色长衫的猎人。猎人一枪接一枪地放着。各种雄野鸭都落进了他的划子里。

一群接一群的野鸭，沿着海上的长途飞行航线，继续它们的长途旅行。太阳沉进大海，城市的轮廓也消失在夜幕之中——只见那个方向亮起了点点灯火。

天黑了，不能再打枪了。猎人把野鸭囮子收回划子里，把船锚抛在浮冰上牢牢拴住，让划子紧靠冰块（免得被浪冲走）。

得考虑一下如何过夜了。

起风了。天空中乌云密布。四周黑洞洞的，伸手不见五指。

水上的房子

猎人将一个弓形木架支在划子的两舷上，将帐篷解开，绷到架子上。他点燃煤气炉子，舀了一壶水（马尔基佐夫湖水是从涅瓦河流来的淡水），放到炉子上烧。

雨点像鼓点一样敲在帐篷上。猎人倒是不怕下雨，反正帐篷是不漏水的。帐篷里干燥、明亮，还暖和，煤气炉子像普通火炉一样，散发着热气。

猎人喝着热茶，吃了点心，也喂了他的好助手雌野鸭，接着便抽起了烟。

春天的黑夜很短。很快天边就露出了一抹白光。它逐渐伸长，扩展。乌云散了，风停了，雨也住了。

猎人从帐篷里向外望去，隐约可见远处黑黝黝的海岸。但是，依然看不见城市的轮廓，甚至也看不见城市的灯火——原来这一夜的工夫，浮冰被风远远地吹到大海里去了。

真是糟糕！要划很长时间才能回到城里。幸亏在夜里这个冰块没有和其他浮冰相撞，否则划子会被挤成碎片，猎人自己也会被压成肉饼。

得赶紧干正事儿啦！

打天鹅

猎人的野鸭囮子在水面上拼命大叫起来，这时有一只雪白的大天鹅和它并排游着。天鹅却不叫，那是因为这只天鹅是假的。

雄野鸭一只接一只地飞过来了。猎人只打了几枪。

忽然，空中传来一阵远远的像喇叭一样的声音。

"克噜——噜呜，克噜——噜呜，噜呜！……"

"嗖，嗖，嗖！"传来一阵扇动翅膀的声音，原来是有一大群野鸭落到野鸭囮子旁边。可是猎人都不正眼瞅它们。

猎人敏捷地把子弹装进猎枪里，然后双手合拢，举到自己嘴边，吹起勾引野禽的口哨：

"克噜——噜呜，克噜——噜呜，噜呜，噜呜，噜！……"

在离地面很远的云彩下面，有三个逐渐变大的黑点。喇叭似的叫声越来越清晰，越来越洪亮，越来越刺耳。

猎人已不再应声答腔了，因为人是学不像天鹅在近处的叫声的。

现在可以看到三只慢慢地，挥动着沉重翅膀的白天鹅降落到冰块附近了。它们的翅膀在太阳下闪着银光。

天鹅们越飞越低，平稳地盘旋着。

它们看见了冰块旁的天鹅，以为呼唤它们的就是这只天鹅，估计它不是因为筋疲力尽，就是因为受伤而掉了队，于是它们就向它飞去。

盘旋了一下，又盘旋了一下……

猎人坐在那儿不动声色，只用眼睛紧紧盯着这三只巨大的白鸟，它们伸长了脖子，一会儿离他近，一会儿又离他很远。

杀　害

又盘旋了一下，此时空中的天鹅已飞得很低，离划子也很近很近了。

"砰"——第一只天鹅的长脖子就像一根软鞭子似的垂了下来。

"砰"——第二只天鹅在空中翻了个跟头，重重地跌在冰块上。

第三只天鹅猛得向上一冲，很快就消失在远方了。

猎人也难得像今天这么好运。

现在赶快回家吧，但是这会儿要划回城里去可不容易。

浓雾笼罩了整个马尔基佐夫湖，看不见十步以外的任何东西。

从市区传来的隐隐约约的汽笛声，一会儿在这边响，一会儿又在那边响，让人摸不到头脑。

有薄冰和划子相撞了，发出了轻微的，玻璃破碎的声音。

像"雪糕"般的细碎冰碴在船下发出沙沙的响声。

可是，怎么也不能飞快地划啊，万一和结实的大冰块相撞怎么办呢？划子会一个跟头翻到水底去的！

第二天

在安德里耶夫市场上，一大群一脸好奇的人打量着这两只雪白的大鸟。它们倒挂在猎人的肩膀上，嘴巴差不多要着地了。

孩子们围着猎人，你一句、我一句地问着：

"叔叔，您从哪打到这些鸟的？难道我们这儿也有这种鸟吗？"

"它们正往北飞，飞到北方去做窠。"

"嗯，窠一定非常大吧！"

主妇们却更关心另一件事：

"请问，这种鸟能吃吗？有没有鱼腥气啊？"

猎人一一回答她们，可是耳边还回荡着活天鹅的喇叭似的叫声，还有野鸭扇动翅膀的嗖嗖声，薄冰和划子相撞时发出的轻微的玻璃破碎的声音……

上面说的那些事都是过去的事了。

现在，每当春天来临，仍有天鹅从我们州的上空飞过，它们那喇叭似的洪亮叫声仍能从云霄处传出。可是，现在天鹅比以前少得多了。因为猎人们都千方百计地想要猎到美丽的天鹅，因此死得太多了。

现在我们这里严禁打天鹅。打死了天鹅的人就要受罚，而且还罚不少钱呢！

人们照旧去马尔基佐夫湖那里猎野鸭，因为野鸭多得是。

唱歌跳舞月（春季第三个月）

一年——分为 12 个章节的太阳诗篇

5 月到了——唱歌吧！跳舞吧！欢乐吧！春天在这个月份里才郑重其事地开始认真做它的第三件事：给森林穿上漂亮的衣裳。

这个令森林居民最快乐的月份——唱歌跳舞月——开始了！

太阳——太阳的光和热取得了完全的胜利，它的温暖和明亮战胜了冬季的严寒和黑暗。晚霞和朝霞握手言欢——我们北方的白夜开始了。生命重新得到了大地的哺育和水的滋养，挺直了身躯；那些高大的树木都披上了油光闪闪的绿叶衣裳；无数会飞的昆虫都在空中飞翔着。一到黄昏时分，夜间活动的蚊母鸟和敏捷的蝙蝠，就会飞出来跟踪捕食它们；白天的时候，家燕和雨燕在低空徘徊；雕和老鹰在田间和森林的上空盘旋；茶隼（sǔn）和云雀在田野上空抖动着翅膀，仿佛身子被从云上垂下来的线系着似的。

没有铰链拴住的大门打开了，从里面飞出了金翅膀住户——勤劳的蜜蜂。地上的琴鸡，水中的野鸭，树上的啄木鸟，天空上的绵羊——鹬，都在尽情唱歌、嬉戏、跳舞。诗人是这样描述当前的景象的："在我们的祖国，每一只鸟、每一只兽都乐呵呵。肺草也从去年的败叶下探出头来，给树林添一抹蓝色。"

我们称 5 月是"嗬"月。

知道这是为什么吗？

因为 5 月的天气忽冷忽热。白天太阳暖洋洋的，可是到了夜里，嗬！甭提有多凉了。我们常常会在 5 月里遇到这样的情况：有时候要热得躲在树荫下乘凉；有时候又得给马厩铺上稻草，自己凑到火炉边取暖。

快乐的 5 月

每种动物都想表现自己的勇敢、能力和敏捷的身手。唱歌跳舞的活动少了起来——所有动物都在摩拳擦掌，想要打架。开战后，绒毛、兽毛和鸟羽满天飞。

森林里的动物都忙了起来，因为春季最后一个月里有很多事要做。

夏天快要来了，鸟儿们要为做窠和孵小鸟等事操心了。

村子里的人说："春天想留在我们这里，一辈子都不走。可是等到布谷鸟和夜莺一啼叫，它就被夏天赶走了。"

林中大事记

森林乐队

夜莺在 5 月里没日没夜地唱起歌来，时而尖利，时而婉转。孩子们都纳闷了：它们什么时候才睡觉呢？原来，春天的鸟是没有睡大觉的习惯的，它们每次只能忙里偷闲，唱一阵儿，打个小盹儿，醒后再唱一阵儿，在间歇的半夜或是中午休息一会儿。

每一个清晨和黄昏，是森林里所有动物演出的时间，大家各唱各的曲子，各奏各的乐器。在森林里有的独唱、有的拉提琴、有的打鼓、有的吹笛。各种低吟浅唱，各种高歌亮嗓——能听到喊声、噪声、呻吟声、咳嗽声；也能听到咕嘟声、吱吱声、嗡嗡声、呱呱声。发出清脆、纯净声音的是燕雀、莺和鸫鸟；吱吱嘎嘎地拉着提琴的是甲虫和蚱蜢；打着鼓的是啄木鸟；尖声尖气吹笛的是黄鸟和小巧玲珑的白眉鸫；狐狸和白山鹑唱着小调；牝鹿轻轻地咳嗽着；狼嗥叫着；猫头鹰哼着小曲；丸花蜂和蜜蜂低低地唱着；青蛙咕噜咕噜地吵了一阵，又呱呱地变调。五音不全的动物们，也不觉得难为情。它们个个都在弹奏自己喜欢的乐器。

啄木鸟要的是能发出响亮声音的枯树枝当作它们的鼓，而它们那坚硬的嘴，就是顶好用的鼓槌。

天牛的脖子扭动起来嘎吱嘎吱地响——这不就是在拉一把小提琴吗？

蚱蜢的小爪子上带着钩子，翅膀上有锯齿，它用爪子抓翅膀，不也是在奏乐吗？

火红色的麻鳽（jiān）把它长长的嘴伸进水里，使劲一吹，整个湖里的水都被吹得咕噜咕噜直响，就像牛叫似的。

沙锥更会异想天开，竟然用尾巴唱起了歌：它冲入云霄，张开尾巴，一头直冲下来。它的尾羽兜着风就能发出咩咩的声音——活像一头羊羔在森林的上空欢叫！

森林乐队就是这样的。

客　人

在乔木和灌木丛底下离地面不很高的地方，顶冰花早就开出了像金星似的艳丽花朵。它开花的时候，树枝还是秃的，春天的阳光可以一直照在地面上。就在这阳光的沐浴下，顶冰花开了，它旁边的紫堇花也开了。

看到初放的紫堇花真让人心情愉悦！它浑身上下都是美的：那奇妙的淡紫色小花，一簇簇盛开在花茎的尖端上，那花茎长长的，还长着青灰色小叶子，叶子的边儿像锯齿似的。

此时，顶冰花和它的朋友紫堇花的辉煌时期已经成为过去。浓浓的树荫会妨碍它们的生存，还好它们已经做好了"回家"的准备。它们的家就在地下世界里，它们不过是来地面上做客而已。它们在地上播下种子后，就消失得无影无踪了。然而，它们那小小的球茎还有圆圆的小块茎，却深埋在地下，从夏天一直幽居到明年开春。

如果你想把顶冰花和紫堇花移植到自己家里，就要趁它们的花朵凋谢之前马上把它们的花株掘起来。掘的时候，可一定要当心。因为我们这些小客人的白色地下茎简直是出奇的长呢！在冻土带，我们这些小客人的球茎和块茎，埋藏在地下很深很深的地方。在暖和的或是有东西覆盖着的地方，它们就埋藏得浅一点。你们移植它们的时候，一定要记住这些。

尼娜·巴甫洛娃

田野里的声音

我和一个小伙伴去田里除草。我们正默默地走着，却听见草丛里的一只鹌鹑对我们说："除草去！除草去！除草去！"我对它说："我们就要除草去呀！"可它还是一声接一声地说："除草去！除草去！"

我们走过一个池塘时，有两只青蛙从水里探出脑袋，鼓起耳后的鼓膜使劲地叫。一只青蛙在喊："傻瓜！傻瓜！"另一只青蛙回答它："你才是傻瓜！你才是傻瓜！"

我们来到田边时，有圆翅田凫扑扇着翅膀问我们："你们是谁？你们是谁？"我们答道："我们是从古拉斯诺亚尔斯克村来的。"

《森林报》通讯员　库罗西金

鱼类的声音

有人用无线电收音机广播了记录着水底声音的录音带，听到的是一些人类从没听见过的声音，有喑哑的啾啾声；有尖利的嘎吱声；有不知是谁的呻吟声和哼唧声；还有独特的咯咯声，又夹杂着突然的一阵震耳的唧唧声，这些声音把满屋子的人声都盖住了。原来这些是采集来的，黑海里各种鱼类的声音。每种鱼都有自己独特的声音，与水底世界中的其他居民迥然不同的声音。

现在，我们发明了海底音响收听装置——敏感的"水底耳朵"，我们才发现水底并不是一个静默的世界，鱼类根本不是哑巴。这个发现有很大的实用价值：借助水底测音机的帮助，就可以探知什么地方有丰富的渔业资源，那些贵重的鱼类往何处转移。这样，就不会盲目地出海捕鱼了，可以在确实知道鱼类的行踪后再出发进行捕捞作业。将来，人也可能学会模仿鱼类的声音来诱捕鱼群。

天然屋顶

花朵里最娇气的部分就是花粉。花粉一旦被打湿后，就会坏掉。雨水、露水都对它有害。那么花粉该如何保护自己，免受被雨露沾湿的危害呢？

铃兰、覆盆子、越橘的花朵，都像是倒挂着的小铃铛，因此它们的花粉就藏在了"屋顶"底下。

金梅草的花朵是朝天开的。但它的花瓣都像小勺似的向里弯着，层层花瓣的边儿互相压着。这样，就形成一个严丝合缝的小球。雨点落在花上，可是没有一滴雨能落在被小球包在里面的花粉上。

凤仙花现在含苞待放，它把自己的每一个花蕾都藏在叶子下面。多巧妙啊——花梗架在叶柄上，这样花儿就能乖乖地开在叶子底下，就像躲在屋檐下一样了。

野蔷薇花的雄蕊多得很，一到下雨的时候，它就把花瓣闭合了。莲花在刮风下雨的时候，也会把花瓣闭合。

毛茛花避雨的方法是向下垂。

森林之夜

有一位《森林报》通讯员给我们写信：我曾在夜里去森林里听动静，听到了各种各样的声音。可是我弄不清那都是哪些动物的声音。那么，我该如何为《森林报》写报道来描述这个夜森林呢？

　　我们是这样答复他的：请把你听到的声音都照直描写出来，我们会想法辨别的。

　　后来，他就给我们编辑部寄来了这样一封信：

　　"说实话，我在夜森林中听到的，尽是些嘈嘈杂杂的声音，一点也不像你们在报上提到的森林乐队所发出的声音。

　　"鸟声变得稀落，后来四周一片静寂。现在是半夜了。

　　"后来，突然从一片高地传来了低沉的琴弦声。起初琴声很小，后来越来越大，终于变成宏大的低音；随后，声音又越变越小了，最后一切归于静寂。"

　　"我心想：'这作为前奏曲的话倒是不算坏。虽然是个独奏，可总算是开了个场。'"

　　"这时林子里突然发出一阵狂笑：'哈哈——哈哈！呵呵——呵呵！'这声音让人毛骨悚然！我觉得好像有一群蚂蚁爬过我的脊背。

　　"我心想：　'这是送给刚才那位琴手的吗？——是想笑话他吧！'"

　　"四周又沉寂了，静了好久后，我心想：'再也不会有什么动静了吧！'

　　"后来，我听见有一种给留声机上发条的声音。这个声音持续了很久，可总没有音乐响起。我心想：　'莫非是它们的留声机坏了？'"

　　"上发条的声音停止了，后来又响起来了：特了了，特了了，特了了，特了了……没完没了，简直讨厌死了。

　　"发条总算上好了。我心想：'现在可该上唱片了吧。马上就要有音乐响起了。'"

　　"忽然间，这时响起了拍巴掌的声音。那掌声拍得热烈得很，响亮得很。"

　　"我莫名其妙：'这是怎么回事儿？还没有音乐，怎么就拍起巴掌来了?'"

"这就是我听到的那些声音。后来，又有给留声机上发条的声音，只是没有任何音乐响起，却又有人鼓掌。我很生气，就回家了。"

我们想对这位通讯员说，他不该生气。他最先听见的像低音琴弦似的声音，是一种甲虫——大概就是金龟子的嗡嗡声。那令人毛骨悚然的笑声，应该是大猫头鹰——灰林鸮（xiāo）的叫声。它的叫声就是那么讨厌，你能有什么办法！

"特了了，特了了，特了了，特了了——"给留声机上发条的声音，是蚊母鸟发出的。蚊母鸟也是夜里活动的鸟，不过它不是猛禽。蚊母鸟当然不会有留声机——那声音是从它的喉咙里发出来的。它自己觉得那是唱歌呢！

鼓掌的也是蚊母鸟。它当然不是在拍手，而是用翅膀在空中啪啪地拍。那声音非常像拍巴掌。

它究竟为什么要这么做呢——我们编辑部也解释不了，因为我们不知道！

也许就是心里高兴，在撒欢吧。

游戏和舞蹈

沼泽地里，灰鹤围成一圈，开起了舞会。有一两只走到舞台中间开始跳舞。起初还没什么花样，不过是用两条长腿蹦蹦罢了。后来越跳越来劲，索性大跳特跳，跳那些奇形怪状的步子，那些舞步真能笑死人！转圈跳啊，蹿来蹿去呀，蹲矮步呀——堪比踩着高跷去跳俄罗斯舞！站在后面的那些灰鹤用翅膀打着拍子，很有节奏，不快也不慢。

在空中游戏和跳舞的那些猛禽中，游隼是表演得特别出色的一种。它们一直飞到白云下，展示它们的机灵劲儿，有时突然收拢翅膀，从高得令人目眩的半空里，像粒石子一样飞了下来，眼看要到地面了，才把翅膀张开，来个大盘旋，又直冲云霄；有时它张着翅膀僵在很高很高的空中，一动不动，好像被一根线吊在白云下似的；有时它忽然在空中翻起跟头，活像一个小丑倒栽葱，一路猛地落向地面，回旋着，扇着翅膀。

最后飞来的一批鸟

春天快过去了。最后一批飞去南方过冬的鸟，就要飞回来了。正如我们所料，这些鸟儿都穿着五彩缤纷的衣裳。

此时，草地上盛开着花朵，乔木和灌木上都生着新叶，这时它们很容易就能躲避猛禽的袭击了。

有人曾在彼得宫里的小河上看见过翠鸟，它们穿着翠绿色、棕色和浅蓝色三色相间的大礼服。它们从埃及飞了回来。

黑翅膀、全身金黄色的金莺在丛林里叫着，它们的声音就像横笛的声音，又像瘦瘦的猫儿的叫声。它们是从南非洲飞回来的。

潮湿的灌木丛里，隐约出现了蓝胸脯的小川驹鸟与羽色很杂的野鹤的身影；沼泽地里，出现了金黄色的黄鹡鸰。

粉红胸脯的鹍（jú）鸟，戴着毛茸茸围脖的五彩流苏鹬，还有绿色与蓝色相间的僧鸟，也都飞回来了。

秧鸡徒步走回来了

还有秧鸡——一种有翅膀但不善飞行的怪家伙，从非洲徒步走回来了。

秧鸟飞得很费劲，而且速度非常慢，所以它飞行的时候，很容易被鹞鹰和游隼抓住。不过，秧鸡跑得特别快，而且很善于藏在草丛里避险。因此，它宁可徒步穿越整个欧洲，在草场上和灌木丛间悄悄前进。只有迫不得已的时候，它才张开翅膀飞翔，而且多是在夜里。

现在秧鸡到了我们这儿，在高高的草丛里成天叫唤着："克利克——克利克！克利克——克利克！"你能听到它的叫声，可是如果你想把它从草丛里赶出来，仔细瞧瞧它长得什么样儿——那可不容易！不信，试试看吧！

有的笑，有的哭

森林里的生物大多是快快乐乐的，只有白桦在哭。

在灼热的阳光下，白桦的树液越流越快，有些甚至从树皮的孔里流到了外面。

人们把白桦树液当成好喝又滋补身体的饮料，所以人们就割开树皮，把树液收集到瓶子里。如果白桦流出了过多的树液，就会干枯，甚至死掉，因为树液之于树就像人体里的血液之于人那样重要。

松鼠开荤

松鼠吃了一个冬天的素食。它吃松果，还吃从秋天就储藏起来的蘑菇。现在终于到了它开荤的时候了。

许多鸟已经做窠，生了蛋。有的鸟甚至已早早地孵出了小鸟。

这可便宜了松鼠：它去树枝上和树洞里找到鸟窠，然后把小鸟和鸟蛋掏出来饱餐一顿。

在破坏鸟窠这样的坏事上，可爱的松鼠倒也不亚于任何猛禽呢!

我们这里的兰花

在我们北方,这种怪异有趣的花是难得一见的。当你看到它们的时候,自然而然就会想到它那大名鼎鼎的近亲——热带森林兰。在我们这儿,兰花只生在地上。而与众不同的热带森林兰却生在树上。

我们这儿有几种兰花的根非常发达,像一只胖乎乎的小手,张开5个小手指头牢牢地抓住地。有的花儿非常美丽,有的花儿却不好看,甚至有点丑陋。不过,兰花真的好香啊!无论哪一种兰花的香气都令人无限陶醉!

最近这些日子,我在罗普萨第一次看见一种兰花,堪称兰花中的精品。这是一种我从未见过的植物,开着5朵美丽的大花。我撩起一朵花看了看,马上就恶心地把手缩了回来,我看到有一只红褐色的、怪怪的苍蝇落在花上。我用麦穗去拍它,它动也不动。再仔细一瞧,原来那不是苍蝇。这东西像天鹅绒般柔滑,上面还布满着浅蓝色斑点,还长着毛茸茸的短翅膀、小脑袋以及一对触须。不过,无论怎么说这都不是苍蝇,这是兰花的一部分。这种花叫蝇头兰。

找浆果去

能摘草莓了。有时我们能在向阳的地方看到已经熟透了的草莓的红彤彤的浆果。它香甜极了!你吃过之后,很久也忘不了那种味道。

覆盆子也熟了。沼泽地上的云莓也快要熟了。覆盆子枝上挂着很多浆果，每棵草莓上却顶多只有 5 个浆果。云莓最小气了：它的茎上只挂着一个浆果，而且并不是每一棵云莓上都结着浆果，有的云莓只开花，不结果。

尼娜·巴甫洛娃

它是哪种甲虫

我捉到了一只甲虫，却不知道它是哪种甲虫，也不知道该喂它吃些什么。它长得很像瓢虫，不过瓢虫是红色的、带着白点，而这只甲虫却浑身漆黑。它圆乎乎的，长得比豌豆粒稍微大一点，有六只脚，也会飞。它的后背有一对黑的硬翅膀，翅膀下长着黄色的复翅。它抬起硬翅，展开复翅，就飞起来了。

十分有趣的是，它一遇到什么危险，就把小爪子收进肚皮，把触须和头缩到身体里。这时，你把它拿在手里端详一下，就不会说它是甲虫了，它真的很像一粒黑色水果糖。不过，只要有一会儿工夫没人去碰它，它就先伸出六只脚，然后伸出头，最后伸出触须。

来自编辑部的解答：

你对这个小甲虫描写得非常仔细，所以我们马上就能判断出它是哪种甲虫了。它是阎魔虫，也被称为小龟虫，因为它就像乌龟似的，爬得很慢，也会把头和脚都缩进壳里。它有很深的甲壳，完全可以把头、脚、触须都缩进壳里。

阎魔虫的种类很多，有黑色的，也有其他颜色的。各种阎魔虫都吃腐烂的植物与厩粪。

有一种阎魔虫，黄色的，浑身长着细毛，它们在蚂蚁窝里生活。它们常常是自由自在地飞到外面去，然后又飞回蚂蚁窝。蚂蚁并不排斥它们。蚂蚁在保护自己的窝的同时，也保护着房客——阎魔虫，不让它们受到仇敌的侵害。

燕子的窠

5月28日

恰好在我房间的窗子对面，有一对燕子在邻家小木房的屋檐下做起窠来了。这让我非常高兴：这回我可以直接看到燕子是如何造出它们那出名的小窝了。而且，还能知道它们在什么时候开始孵蛋，怎样喂小燕子的。

我留心地观察这对小燕子，看它们是飞到什么地方衔建筑材料的。原来，它们就是从村庄附近的小河边衔来的。它们径直飞到小河边，落到河岸上，用嘴挖起一小块河泥，然后衔着飞回小房子。它们轮流换班，把泥糊在屋檐下的墙上，糊完一块接着又糊另一块。

5月29日

糟了，不光是我一个人对这个燕窝感兴趣——隔壁有一只大公猫也很感兴趣，今天一大早就爬上房顶去看了。这是一只粗野的流浪猫，浑身的毛被撕得一片一片的，因为跟别的猫打架，右眼都瞎了。

它一直盯着飞来的燕子，而且还不时偷看檐下，看那窝做好了没有。

燕子发现它后，发出了惊慌的叫声。只要猫待在房顶上不走，它们就会停工，不继续做窠了。难道燕子想要离开这里了吗？

6 月 3 日

最近这几天，燕子已经做好了像镰刀似的窠的基部。大公猫常常爬到房顶上吓唬它们，妨碍了它们工作。今天午后，燕子根本没露面。看来是想要放弃这个工程了。它们会找到一个比较安全的新址，那样的话，我可就什么都观察不到了！

真令人沮丧啊！

6 月 19 日

这些天一直很热。屋檐下那个用黑泥垒的，镰刀似的底座干了，颜色也变得灰暗。燕可子却再也没有来过。今天白天乌云密布，下起雨来，那是真正的倾盆大雨啊！窗外像是挂起了一条水帘子。一股股雨水像小河一样奔流在大街上。要蹚水过河是不行了——小河泛滥了，河水咆哮着哗啦哗啦向前淌着，沿岸的稀泥差不多要没到膝盖了。

这场雨到黄昏时分才停。一只燕子飞到了屋檐下。它落在那筑成镰刀似的底座上，紧贴着墙待了一会儿，又飞走了。我想：也许燕子不是被大公猫吓走的，不过是因为这段时间它们没地方去找做窠用的湿泥，也说不定它们还会回来吧！

6 月 20 日

燕子飞回来啦！飞回来啦！而且不止有一对，还是一大群呢！它们都盘旋在房顶上，不时朝屋檐下看，激动地叽叽喳喳叫着，好像是在争论什么。它们议论了十来分钟后，一下子都飞走了，只剩下一只。剩下的这只燕子用爪子抓牢镰刀似的泥窠基，停在那儿不停的用嘴修理窠基，也可能是用它那黏稠的涎水加固泥基。我相信这只雌燕子就是这个窠的女主人。过了不一会儿，雄燕子也飞来了，把一团泥嘴对嘴递给雌燕子。雌燕子继续筑窠，雄燕子又飞走去衔泥了。

大公猫又爬上了房顶，可是燕子现在不怕它了，也不再叫了，继续埋头干活，一直干到太阳下山。看来，我总算可以看见一个燕子窠落成了！但愿大公猫的爪子不要够到它。不过，燕子自己也知道应该把窠做在什么地方才安全吧！

摘自少年自然科学家的日记

《森林报》通讯员　维立卡

斑鸫的窠

5月中旬的一个傍晚，8点钟左右，我在我家花园里发现了一对斑鸫。它们在一棵白桦旁的柴棚屋顶上落下了。我在白桦上挂了一个带活动盖儿的树洞形的人造鸟窠。后来，雄斑鸫飞走了，留下来的雌斑鸫飞到了鸟窠上，但是没钻进去。两天后，我又看见雄斑鸫飞来。它钻进鸟窠，又钻了出来，后来落到了苹果树上。这时，有一只朗鸫飞了过来，于是两只鸟就开始打架了。它们为什么要打架？可想而知：朗鸫和斑鸫都在树洞里做窠，朗鸫想要抢斑鸫的窠，但斑鸫坚守着自己的家，不肯让步。

于是这对斑鸫在树洞状的鸟窠里住了下来。雄斑鸫没日没夜地唱歌，不断进进出出鸟窠。

有一对燕雀落在白桦枝头，斑鸫没有理会它们。这倒并不奇怪：燕雀和斑鸫不是死对头，燕雀不住树洞，而是自己筑窠，况且这两种鸟各吃各的食，互不妨碍。

两天后，有一只麻雀一大早就飞进了斑鸫的家。雄斑鸫猛地向它扑去，这两只鸟在鸟窠里打了一场恶仗。然后忽然之间一点动静也没有了。

我跑到白桦跟前，用木棍子敲了敲树干，从鸟窠里钻出来的是麻雀，雄斑鹟没有露面。雌斑鹟在鸟窠附近飞个不停，凄惶地叫着。我担心雄斑鹟可能被麻雀啄死了，就往鸟窠里看了几眼。雄斑鹟还活着，但是浑身的羽毛被撕扯得不成样子。窠里有两个蛋。

雄斑鹟待在窠里好几天没出来。我见它飞出来后，样子非常憔悴，刚一落地，就有几只母鸡追着它跑。我很担心它，就把它捉回我家，喂它吃苍蝇。到了晚上，我把它送回鸟窠。

7天后，我又去探望这只鸟，一股腐烂的气味扑面而来。我看见雌斑鹟正在窠里孵蛋，雄斑鹟紧紧地靠着墙，它死了。

不知道到底是麻雀又来袭击过它，还是因为在第一次打架后，它伤势过重，所以不治身亡。当我把死去的雄斑鹟掏出来的时候，雌斑鹟竟然都没离窝——后来，它终于把小鸟孵了出来。

贝克夫

林木大战（续前）

你们可曾记得，住在采伐空地上的特约通讯员给我们写的信吗？他们一直在等待空地上会长出一片青绿的小云杉林来。

他们的愿望真的实现了！几场温暖的雨过后，在一个晴朗的早晨，那里真的变绿了。不过，从土里钻出来的都是小云杉吗？

压根不是！不知从哪儿来的一批横行霸道的草种族，竟然捷足先登了！长得又快又密，它们是莎草和拂子茅。不管小云杉如何拼命地往外钻，还是晚了一步——空地已经被野草占领了。

第一场林木大战开始了！小云杉用它们那锋利的矛一样的树尖，好不容易才拨开头上的密密麻麻的野草。草种族也不甘示弱，拼命的往小树身上压。在地面上大打出手，在地下打得不可开交。

野草的根和树苗的根缠绕在一起厮打着，它们你缠着我，我绕着你，你勒我，我掐你，如凶恶的鼹鼠般在地下乱钻，拼命抢夺那营养丰富、富含盐分的地下水。一大批小云杉还没见到天日，就在地下被像细铁丝一样又柔韧又结实的草根勒死了。

好不容易钻出来的小云杉又被草茎紧紧地缠住了，富有弹性的草茎编织成一张地网，小云杉想用树尖拨开它们，但野草罩住了小云杉，不让它们晒太阳。

只是在个别地方，有极少数小云杉钻到草种族的上面了。

当空地上的林木大战正激烈时，对岸河边的白桦刚刚开花。而对岸的白杨也已经准备好去这片空地远征了。

白杨的每一个荑荑花序里，都飞出几百个头顶着白毛的小种子——它们是独脚的小伞兵，头上都张着一顶白色的小降落伞。风儿兴致勃勃地挟着那一撮白毛，带着它们在空中转呀转，它们比绒毛还轻，像朵白云似的飘过了河。到了河对岸，风一撒手，将它们均匀地撒在整片空地上，直逼云杉国边境。这些独脚小伞兵们如雪花般落到小云杉与野草的头上。下过第一场雨后，它们就被冲到泥土下，暂时消失了踪影。

日子一天天过去了。林木大战还在继续着。现在，已经可以看得出来：野草是较量不过小云杉的。野草拼命挺着身躯往上长，但是不久后它们就停止生长了。而小云杉却一直生长着。

如此一来，草种族可就受罪了。小云杉那长满了针叶的枝条遮在野草的头上，抢走了草种族的阳光。野草很快就衰弱了，软绵绵地瘫倒在地。

但是，这时地里又冒出了另外一支队伍，那就是白杨的小苗。它们是一簇簇地来到这世界上的，慌慌张张地挤在一起，瑟瑟发抖。

它们来得太晚了，已经没有力量与小云杉抗争了。

云杉用浓密的针叶树枝遮住小白杨头上的阳光，小白杨只好屈着身子，在树荫下，很快就憔悴枯萎了。

云杉正一步一步地走向胜利。这时，又有一批敌国的伞兵降落在空地上了。它们是驾着双翅小滑翔机飞来的，它们刚一来，就躲进土里潜伏了起来。这些伞兵是白桦种子。它们热热闹闹地飞过了河，又均匀地散布在整个空地上了。

它们能不能战胜这头一批占领军——云杉家族呢？我们的特约通讯员还不知道。

我们将在下一期《森林报》上刊载他们发来的新报道。

农事记

集体农庄的人们有很多事情要忙：播种完成后，要将厩粪和化肥运到田里，再把肥料施到今年的秋播地上。紧接着，就是忙着种菜园：第一件事就是栽马铃薯，紧接着种胡萝卜、黄瓜、芜菁、饲用芜菁以及甘蓝。亚麻这个时候也长起来了，该给它除草了。

那些孩子们也不闲在家里。他们在田里、菜园里以及果园里都是好帮手。他们帮着大人栽种、除草、为果树剪枝。集体农庄里的活儿可多啦！他们还要编扎够用一年的白桦扫帚，还要拔嫩荨麻，用嫩荨麻和酸模做的菜汤可好喝了。他们还要捕鱼：钓小鲤鱼、斜齿鳊、铜色鲑（guì）鱼、鳜鱼、鲈鱼，等等；用鱼簖（duàn）和鱼梁来捕鳕鱼和小梭鱼；用鱼饵来捉鳜鱼、梭鱼和鳕鱼。

到了傍晚，他们就用捞网（在一根长竿子的一端安上一个框，框上装一个袋子形的网，这就是捞网）来捕捞各种各样的鱼。

深夜里，他们在岸边布下簖来捉龙虾，然后坐在篝火旁讲各种故事，有滑稽故事，也有恐怖故事，等着上簖的龙虾多了，再去收网。

清晨时，已听不见田公鸡——也就是灰山鹑在庄稼地里叫了。秋天播下的黑麦已经长到齐腰高了；春天播下的庄稼也长起来了。

灰山鹑还住在老地方，可是它不敢练嗓了：因为它身边就是它的窠，窠里有蛋，雌山鹑正在孵蛋。现在，雄山鹑必须保持沉默，要不然就会叫出灾祸来的：不是大鹰会闻声而来，就是孩子们，也可能招来狐狸。这些淘气鬼可全是捣毁田公鸡窠的能手呀！

我们是大人的好帮手

刚一放假，我们这里的小学生们就开始给集体农庄的大人们帮忙了。我们也在田里除草，除害虫。

我们劳逸结合，既休息，也工作了，这样真是太好了。以后还有许多工作，要用心用力去做。不久后就该收割庄稼了。我们的工作是拾麦穗，还有捆麦束。

《森林报》通讯员　尼吉琴娜

新森林

在我们俄罗斯联邦的中、北部地区，春季造林工作已经结束了。大片大片的新森林诞生了，总面积差不多有 10 万公顷。今年春天，在苏联欧洲部分的草原地带、森林草原地带，约有 25 万公顷的新防护林带诞生了。同时，集体农庄还建成了大批的苗圃，明年将会供应 10 亿多棵乔木、灌木树苗，以供造林使用。

到今年秋天，俄罗斯联邦的林场还要再造几万公顷的新森林呢！

集体农庄新闻

借逆风

村里收到从亚麻田里寄来的一份投诉书。亚麻苗投诉田里出现的敌人——杂草，杂草在田里胡作非为，简直不让亚麻们活命了。

村里的女庄员们马上去帮亚麻的忙。她们惩治杂草，百般爱护着亚麻。她们脱掉鞋子，沿着田垄，光着脚，小心翼翼地顶着风走。亚麻在她们的脚下向地面弯下去了，然后，逆风把亚麻的茎一托，就把亚麻推了起来。于是亚麻又从容地站起身来，它们的天敌却被消灭掉了。

今天头一次放风

牧人把一群小牛犊放到牧场上去了。这对小牛犊来说还是头一回。它们感到了无比的欢乐，翘起尾巴，跑呀跳呀，满世界撒欢儿呀！

绵羊脱大衣

在我们红星集体农庄的绵羊剪毛室里，有十位经验丰富的剪毛工人正在用电推子给绵羊剪毛。他们把绵羊浑身上下的毛都剪得干干净净，就像把绵羊身上的绒毛大衣脱掉似的。

当牧羊人把"脱掉大衣"的绵羊妈妈放回羊群的时候，小绵羊已经不认识它们的妈妈了。小绵羊悲悲切切地咩咩地叫着："你在哪儿呢？妈妈，你在哪儿呢？"

牧羊人帮每一只小羊羔找到妈妈后，又回到绵羊剪毛室去给下一批绵羊剪毛了。

牲口的队伍越来越壮大了。

集体农庄的牲口队伍一天比一天壮大。今年春天新增的小马、小牛、小绵羊、小山羊以及小猪，有好多只呢！

昨天一夜的时间，小河村的小学生饲养的牲口群，就扩大了4倍。从前山羊只有一只，现在有了4只，它们是山羊妈妈库姆希加和它的3个孩子——库加，姆扎和施卡利克。

花期到了

果园里的果树迎来了一生中最重要的花期。看，草莓已经开过花了；一棵棵樱桃树上，开满了一簇簇雪白的花；昨天梨树也开花了；再过一两天，苹果树也会开花的。

在新集体农庄里生活

昨天，在温室里培育出的南方蔬菜——番茄秧搬家了。它的新居就在池塘边的园地上。黄瓜秧搬到它们的隔壁，跟它们做邻居了。番茄秧的体格很结实，正准备开花呢。黄瓜秧还小，仍躺在它们的白封套里，只露出了鼻子尖。土地妈妈呵护着这些孩子，不让贪婪的鸟看见它们。娇小的黄瓜秧什么时候才能很快地长得高高大大的，赶上番茄呢？

协助六只脚的劳动者授粉

一提起与农业有关的昆虫，我们就能想起庄稼里的种种害虫。它们身体虽小，但却是庄稼非常可怕的敌人。我们竟然忘记了，还有很多六只脚的劳动者在田里为我们干活儿呢。我们也忽略了，它们在为植物授粉的工作上起着多么重大的作用。像蜜蜂、丸花蜂、姬蜂、甲虫、蝇类、蝴蝶等许多有翅膀和六条腿的小昆虫，在辛勤地为黑麦、荞麦、亚麻、苜蓿、向日葵等作物授粉。

有时候，小劳动者们忙不过来，我们就来协助它们。我们两个人，各拉着一根长绳子的一头，从开花农作物的梢头拖过去，梢头就会弯下来，然后花粉就落了下来，随风飘散到田间，或是粘在绳子上，被带到其他花上去。我们这样给向日葵授粉：将花粉收集到一小块兔子皮上，然后把这块兔子皮上的花粉扑到那些正开着花的向日葵花盘上。

城市新闻

来到列宁格勒市里的麋鹿

5月31日清晨，有人在梅奇尼科夫医院附近看到一只麋鹿。最近几年里，麋鹿出现在市区已不止一次了。人们猜测，麋鹿可能是来自符谢罗德区的森林里的。

鸟说人话

有一位公民来到《森林报》编辑部，讲述了这样一件事："早晨，我去公园里散步。忽然听到一种声音，好像是从灌木丛里传来的：'特里希卡，薇吉尔?'那声音非常响亮，也很急切。我打量了一圈，四周一个人都没有，倒是在灌木丛上有一只浑身通红的小鸟。我心想：'这是什么鸟呀？居然会说人话。它问的那个特里希卡又是谁呢?'接着，它又重复那句话了：'特里希卡，薇吉尔?'我朝它迈近了一步，想走到它面前看个清楚。可它却一溜烟地消失在灌木丛中，不见了。"

这位公民看到的鸟，名叫红雀，是一种从印度飞来的鸟。它的叫声听起来确实很像在问什么。不过，有人听它在问："看见特利希卡了吗?"也有人以为它在问："看见格里希卡了吗?"

深海里来的客人

最近从芬兰湾游来了好多小鱼——胡瓜鱼，它们是从海洋游到涅瓦河来产卵的。它们产完卵后，会重新回到海洋的。

只有一种鱼苗是产在深海里，然后再从深海游到河里生活的。它的出生地是大西洋中的藻海。这种奇特的鱼，就是小扁头鱼。

你没听说过这样的鱼名吧？这倒也难怪：因为这是这种鱼住在海洋时的小名。那时，它浑身透明，能透出肚子里的肠子，它腰身扁扁的，像一片树叶。等它长大后，就变得像一条蛇了。

等它长大了，大家才恍然大悟，原来它是鳗鱼啊。

小扁头鱼要在藻海里生活三年。到了第四年，它们就会变成小鳗鱼，身体还是像玻璃般透明。那时，鳗鱼会成群结队地游进涅瓦河。它们从大西洋那个神秘的深海里游来，游到我们这里至少要走2500公里的路呢！

试飞的鸟儿

当你在公园，街头或是林荫路上走的时候，要时不时往上头瞅瞅！当心有小乌鸦或是小椋鸟从树上掉下来，还有小寒鸦或是小麻雀从屋檐上掉下来，摔在你头上。现在这些小鸟刚出窠，正在学飞呢！

走过城郊

最近这段日子，住在郊区的人一到夜里就能听到一种低沉的、断断续续的鸣叫声："呼喊——呼喊——呼喊——呼喊！"起初，声音是从这一条水沟里传出来的；接着，又从另一条水沟里传了出来。原来是路过郊区的黑水鸡。黑水鸡与秧鸡有血缘关系，它也和秧鸡一样，是徒步穿越全欧洲到我们这儿的。

去城外采蘑菇

一场温暖的及时雨过后，就可以去城外采蘑菇了。这时，平茸蕈、白桦蕈等食用菌都从土里钻了出来。这是夏季的头一批蘑菇，被统称为麦穗蕈，它们出世的时候，正值秋播黑麦开始抽穗。不久之后，一到夏末，就见不到它们了。

要抓住采蘑菇的时机啊，当你看到花园里的紫丁香花凋谢之时，你就应该知道春天要离开了，夏天要开始了。

飘来的云团

6月11日，有很多人在涅瓦河畔散步。天空中没有飘着一丝云，天气热得很。房子和柏油路被晒得滚烫，人们也被烘烤得喘不过气来。孩子们在顽皮地嬉闹。

突然之间，宽宽的河那边飘过一大片灰蒙蒙的云。人们都停下了脚步，望着天边这朵云。只见这朵云飞得很低，几乎就是擦着水面飞。大家眼瞅着它越来越大。终于，它发出的窸窸窣窣声把散步的人吸引过来了。这时，大家才看明白：原来不是云，是一大群蜻蜓。一眨眼的时间，这里就变成了一个奇幻的世界。因为有这么多扇动着的小翅膀，所以有一阵凉凉的微风掠过。

孩子们停下了游戏，出神地望着这奇异的景象：太阳光透过蜻蜓薄薄的翅膀，照得蜻蜓像彩色云母似的在空中闪着美丽的光。此时，人们的脸一下子变得五彩缤纷，无数极小的彩虹、光影和星星跳动在他们脸上。这片小蜻蜓云团发出"嗖嗖"的声响，飞过河岸的上空，越升越高，最后飞到房屋的后面，看不见了。

这是一群新出世的小蜻蜓，它们成群结队去寻找新的家。至于它们是在哪出生的，要飞去哪里落脚，谁都不知道。

其实，各处都有这种成群结队的蜻蜓。如果你遇到了蜻蜓群，不妨考察一下小蜻蜓是从哪儿飞来的，要飞到哪里去。

列宁格勒州的新野兽

最近这几年，猎人们常会在列宁格勒州叶非莫夫区与邻近几个区的森林里，看到一种当地居民也不认识的野兽。这种动物的个头跟狐狸差不多大。它就是乌苏里的浣熊狗，也可简称为浣熊。

它们怎么会跑到这里来？很简单：是用火车运来的。

50多只浣熊被火车运来后，就放到我们州的森林了。它们在10年间繁殖了很多后代，现在已经准许猎人捕猎它们了。

浣熊的毛皮非常珍贵。在我们州，整个冬天都可以打到浣熊，因为它们虽然也冬眠，但天气暖和的时候，还是会出来逛逛的。

欧　鼹

有人把欧鼹当成啮齿类动物，以为它们像老鼠似的，在地下乱掘洞，吃植物的根。其实这是冤枉了欧鼹，欧鼹根本不属于鼠类，它其实更像是身穿天鹅绒般光滑柔软皮大衣的刺猬。欧鼹也是一种吃昆虫的兽，它吃金龟子及其他害虫的幼虫。因此，对于我们来说它是非常有益的。它对植物也没有危害。

不过，欧鼹有时也会在花园或是菜园里刨洞，将一堆一堆的土翻出来，抛到花台或菜垄上，也会把好端端的花或蔬菜碰坏，发生这种事时，主人总觉得有点气恼。

其实，遇到这种情况的时候，主人尽可以心平气和地在地上插一根长竿子，竿子上安一个小风车。

风来了，风车就转。风车转动后长竿子就会抖动，竿子下面的土地也一起颤着，鼹鼠洞里发出嗡嗡的响声。这样，所有鼹鼠都会四散逃走的。

少年自然科学家　尤兰

蝙蝠的音响探测器

有一只蝙蝠在一个夏天的夜晚从打开的窗户里飞了进来。"快把它赶走！快赶！"女孩儿们用围巾裹住自己的头，惊慌失措地尖叫着。一位秃头老爷爷嘟嘟哝哝不以为然地说："它是冲着窗户里的亮光来的，不会往你们头发里钻的！"

直到数年前，科学家们也还是没明白：为什么在漆黑的夜里飞行的蝙蝠能不迷路。科学家曾这样试验过：把蝙蝠的眼睛蒙上，再堵住它们的鼻子。但它们还能躲开一切障碍，甚至在拴满细线的房间里，都能灵活躲开"天罗地网"。

直到发明了音响探测器以后，我们才将这个谜揭开。科学家们现在已证实：蝙蝠在飞行的时候，会从嘴里发出超声波——一种人耳听不到的尖细的叫声。超声波无论遇到什么障碍，都能反射回来。蝙蝠的耳朵能"收听"到这些信号，如："前面有墙"或是"有线"或是"有蚊子"。只有女人那又细又密的长头发反射的超声波性能不够好。

秃头老爷爷当然没什么好担心的，可是女孩儿们的浓密美发，的确有可能被蝙蝠误认为"窗子里的亮光"，它们很可能会冲着扑过去的。

给风打个分数

小风是我们的朋友。

在夏天炎热的中午，如果没有一点风，我们便会热得透不过气来。当平静无风的时候，烟囱里的烟会笔直地升向天空。如果空气以不到 0. 5 米每秒的速度流动的话，我们就感觉不到风的存在，我们给这种风打 0 分。

软风的速度是 0. 3 ~ 1. 5 米每秒，也就是 18 ~ 90 米每分，或是 1 ~ 5 公里每小时。这大概是人步行的速度，在软风的吹拂下，烟囱里的烟柱已经开始往旁边吹了。我们会觉得脸上凉凉的，非常舒服，没有那么闷了。我们给这种风打 1 分。

轻风的速度是 1. 6 ~ 3. 3 米每秒，也就是 96 ~ 180 米每分，或是 6 ~ 11 公里每小时。这大概是人奔跑的速度。这时，树上的叶子被风吹得沙沙作响。我们给这种风打 2 分。

微风的速度是 3. 4 ~ 5. 4 米每秒，或是 12 ~ 19 公里每小时。这大概是马小跑的速度。微风吹得细树枝左右摇摆，推着纸折的小船儿兴高采烈地跑。我们给这种风打 3 分。

气象学里是这样描述和风的：它使道路尘土飞扬，导致轻微的枝摇树晃，还激起大海些许波浪。它的速度是 5. 5 ~ 7. 9 米每秒。我们给这种风打 4 分。

清劲风的速度是 8. 0 ~ 10. 7 米每秒，或是 29 ~ 38 公里每小时。这大概等于乌鸦飞行的速度。它使树梢喧嚣，森林里的细树干也摇曳了起来，海上涌起千层波浪。它还能将蚋蚋（ruì）吹散。我们给这种风打 5 分。

强风已开始嚣张了。它用力地摇晃着树木；把晾在绳子上的衣服吹到地上；把人们的帽子从脑袋上刮下来；把排球抛来抛去，干扰打排球的人。它的速度堪比 39～49 公里每小时的火车客车的速度。幸好气象学家们是用 12 分制给风打分。像我们这样小学校的 5 分制是不够用的。气象学家给强风打 6 分。

请继续关注登在第八期《森林报》上的有关风的报道。

猎事记

我们苏联幅员辽阔，在列宁格勒附近，春猎期早已过去，可是这时的北方，河水才刚开始泛滥，正是打猎的好时节。很多酷爱打猎的猎人这时都会赶往北方。

在春水泛滥的地区荡小船

天上乌云密布，今天的夜就像秋夜一样黑。我与塞苏伊奇两个人乘一只小船，荡在林间小河上，两岸又高又陡。我在船尾划桨，塞苏伊奇坐在船头。塞苏伊奇是一位猎人，他会打各种飞禽走兽。但他不喜欢捕鱼，甚至瞧不起那些钓鱼的人。不过，今天他也要捕鱼的，但却没有改了老脾气——他还是觉得自己是去"猎"鱼的，所以不用鱼钩钓、渔网捞，也不是用其他渔具捕鱼。

我们游过高高的河岸，来到了广阔的河水泛滥地区。这里有一些灌木的梢头露出了水面。再往前驶去，有一片模糊的树影；再往前驶去，就是森林了，真像一堵黑压压的墙。

夏天的时候，这个地区的一条小河和一个不算大的湖之间，只隔了一条很窄的岸，岸边长满了灌木。还有一条很窄的水道，连接了小河和小湖。不过，现在没必要去找这条小道了，因为四周的水都很深。小船可以自由穿行在灌木丛里。

我们的船头有一块铁板，上面堆着枯枝和引柴。塞苏伊奇用一根火柴点燃了篝火。篝火那红黄色的光照亮了平静的水面，也照亮了小船旁边灌木光秃秃的黑色的细枝。

我们现在可没时间东张西望，只注视着下面——被火光照亮的水深处。我轻手轻脚地划着桨，不让桨伸出水面。小船静静地行进着。我的眼前浮现出一个奇幻的世界。

我们已经划到了湖上。湖底好像藏着巨人，他的身子埋在泥里，只把头顶露了出来，任蓬乱的长发悄无声息地漂着。这到底是水藻，还是草呢？

瞧，原来这是一个无底深潭。也许实际上并没有那么深，因为火光最多只能照到水下两米深。但是，光是看一眼这黑咕隆咚的深潭就觉得可怕了：天知道这底下藏着什么？

有个银色小球从黑暗的水底浮了上来。起初，它上浮得速度很慢，而后越升越快，越来越大。现在，它冲着我的眼睛过来了，眼看着就要跳出水面，打到我的脑门……我不由自主地缩了一下脖子。

这个银色小球变成了红色的，钻出水后就炸了。原来只是个普通的沼气泡啊！

我们好像坐着飞艇在一个陌生的星球上旅行。

我们经过几个岛屿，岛上长满了挺拔、稠密的植物。是芦苇吗？是一个黑黑的怪物，它把自己多节的手臂弯成了钩，向我们伸了过来——原来是触须啊！这个怪物长得像章鱼，也像乌贼。不过，比它们的触须更多一些，样子也更难看、更吓人一些。这怪物到底是什么呢？原来那是一棵淹没在水中的有着交错树根的白柳残株啊！

我惊奇地看着塞苏伊奇的动作。

他站在小船上，用左手举着鱼叉——原来他是个左撇子，眼睛炯炯有神地注视着水面。他的样子真威武，真像一个满脸胡须的矮军人，正擎起长矛，要将跪在他脚下的敌人刺死。

这是一个两米长的鱼叉的柄。下面一头有 5 个闪闪发光的钢齿，每个钢齿上还生着倒齿。

在篝火下，塞苏伊奇的脸通红的，他转过头，朝着我做了个怪怪的鬼脸。我就停止划桨了。

塞苏伊奇小心翼翼地将鱼叉浸到水里。我往下瞅了瞅，只见水深处有一个笔直的，又黑又长的棍子。后来才看清楚，原来那是一条大鱼的脊背。塞苏伊奇用鱼叉斜对着那条大鱼，慢慢地伸了下去。后来鱼叉停在那里不动了，猎人也僵在那里一动也不动。猛一下子，他竖直了鱼叉，用力将其刺进了那条鱼的脊背。

湖水翻腾了一阵子，他就把猎物拖了出来：那是一条有两千克重的大鲤鱼，还在鱼叉上拼命地挣扎着。我们的小船又继续前进着。不一会儿，我就发现了一条个头不算大的鲈鱼。它钻进水底的灌木丛里，僵在那一动也不动，好像在沉思着什么。

我发现的这条鲈鱼离水面好近，我甚至连它身上的黑色条纹都能看得见。我看了看塞苏伊奇，他摇了摇头，我知道他是嫌这条鱼小，于是我们没有抓它。

我们绕着湖面划了一圈。我眼前不停地出现水底世界的景色，真是迷人啊！猎人刺死了水底"野味"后，我还舍不得移开视线呢！

我们又遇见一条鲤鱼、两条大鲈鱼，还有两条长着细鳞的金色鲤鱼，都从湖底游到了我们的小船底。黑夜就要过去了。此时，船上还有点燃烧着的枯枝以及通红的木炭，掉进水里，嘶嘶地响着。偶尔还能听见头上有一阵"嗖嗖"的野鸭扇动翅膀的声音。有一只小猫头鹰在那黑黑的，小岛似的小树林中柔和地叫着，好像在反复地提示着谁："斯普留！斯普留！"有一只小水鸭在灌木丛后唧唧地叫着，叫声挺好听的。

我看到船头上有一根短木头，就把小船驶向一旁，免得撞上这根木头。可是，此时我突然听到塞苏伊奇低声喝道："停……别动……嘧——梭鱼……"他兴奋得连说话都带"嘧"声了。

鱼叉柄的上端拴着一根绳子。他赶忙把绳子缠在自己手上，瞄准了半天，然后小心翼翼地将武器插入水中。

他使出浑身力气刺向梭鱼。这条鱼竟拖着我们走了好一会儿！幸亏鱼叉刺得很深，梭鱼没办法挣脱。

这条梭鱼居然有 7 千克重！

塞苏伊奇费了好大劲才把它拖上船。此时，天差不多要亮了。琴鸡"啾叽啾叽"的叫声透过薄雾，从四面八方传到我俩的耳朵里。

"好啦！"塞苏伊奇开心地说道，"现在我来划桨，你来开枪。可别错过机会呀！"他将烧剩下的枯枝扔到水里，我换到船头，他换到船尾。

晨风清凉，很快就将薄雾驱散了，天空变得明朗起来。这是一个美丽的早晨。

此时，有一层绿色的薄雾笼罩着森林的边缘，我们沿林边划着船。水里伸出了一些光滑的白桦树干，还有粗糙的黑云杉树干。我们向远方眺望，看到树林就像是吊在半空中似的。往近处看，有两片树林浮动在眼前：一个全部树梢朝上，一个全部树梢朝下。清澈的水面就像一面镜子，水面奇妙地荡漾着，倒映着一根根白色树干和黑色树干，千万根细树枝被它照碎了、摇散了。

"准备……"塞苏伊奇低声说到。

我们沿着这片银光闪闪的水上"林中空地"，划到了桦树林边。有一群琴鸡栖息在桦树树梢那光秃秃的枝条上。令人惊奇的是：这些又大又重的鸟怎么没有把那些纤细的树枝压断呢？

雄琴鸡身体结实、脑袋小、尾巴长，尾巴尖上好像拖了两根辫子。天空明亮，所以它乌黑的身躯显得格外明显。而淡黄色的雌琴鸡就显得朴素、轻巧。

有一排乌黑和淡黄的大鸟栖息在丛林下面的水中，脑袋朝下地在那儿晃荡着。我们离它们不远了，塞苏伊奇轻手轻脚地划着桨，小船沿着林边前行着。为了不把那些容易受惊的鸟儿吓跑，我不慌不忙地端起了双筒枪。

所有琴鸡都伸长了脖子，把小脑袋转过来对着我们看。它们可能在心里感到奇怪吧：在水上漂浮的是什么东西啊？这东西对我们有没有威胁呀？

鸟儿的思想是很迟钝的。现在离我们最近的一只琴鸡，距离我们只有50多步了。它正心慌意乱地转着小脑袋，它大概在想：万一出什么意外的话，我该往哪儿飞呢？它跳着两只脚，缩上又踏下。细树枝都被它压弯了。为了让身体保持平衡，它惊慌地扇动着翅膀。不过，它看伙伴们都待在那儿不动，也就放心了。

我开了一枪。清脆的枪声从水面上向树林荡漾过去，就像碰到墙壁似的，传过来一阵回响。

琴鸡扑通一声掉进水里，溅起了一层水沫，水沫在日光的照耀下显得七彩斑斓。一大群琴鸡噼里啪啦扇动着翅膀，都从树上飞走了。我连忙冲着一只飞去的琴鸡开了第二枪，结果没打中。

不过，我一早就猎到了这么一只长着紧密羽毛的美丽的鸟，还有什么不满足吗？"好样的！"塞苏伊奇向我表示祝贺。

我们把湿淋淋地，低垂着翅膀的死琴鸡捞了起来，不慌不忙地慢慢划着船，回家去了。

一群群野鸭飞快地掠过水面；勾嘴鹬尖叫着；沿岸的琴鸡叫得更响亮、更欢快了，唧咕的声音不绝于耳；云雀在田野上空鸣叫着；太阳挂在树林的上空。虽然我们一宿没有睡，此时却一点也没有感到疲惫呢！

《森林报》特约通讯员

诱 饵

我们这一带有熊在胡闹，不是听说某个地方的一头小牛被咬死了，就是听说另一个地方的一匹小马被吃掉了。

我们召开了会议。在会上，塞苏伊奇说得很有道理，他说："我们不能等着熊来祸害咱们的牲口群，应该采取措施了。加甫里奇家的小牛不是死了吗？把小牛交给我，我用它当诱饵。如果熊也来咱们这儿晃悠，那就一定会被诱饵引来。即便它来，也甭想伤到咱们牲口的一根毛。我一定要想个办法收拾它。"

塞苏伊奇是我们这儿的好猎人。大家把那头死小牛交给他了，对他说："你干去吧！我们以后可以放心些了。"

塞苏伊奇将死小牛装到大车上，拉到树林里，放到一块空地上，给小牛翻了个身，让它的尸体头朝东躺着。塞苏伊奇对打猎的事样样在行。他知道，（常识）熊是不会动头朝南或是头朝西的尸体的——它会起疑心，它怕被别人伤害。塞苏伊奇用没剥皮的白桦树枝，在死小牛的四周圈起了一道矮矮的栅栏。又在离这道栅栏20多步远的并排的两棵树上搭了个棚子，棚子离地面约有两米高。这是观察平台，猎人夜里就守在这个平台上等野兽出现。全部准备工作就绪。不过，塞苏伊奇并没有睡在棚子里，他还是回家过夜。

过了一个星期的时间，他还是照旧回家睡觉。只是在早晨腾出一点时间去木栅栏那儿看看，绕着那儿走了一圈，卷一根烟抽一会儿，抽完就回家了。

农庄里的庄员们开始取笑塞苏伊奇了。小伙子们嬉皮笑脸地对他说："哎呀，塞苏伊奇，还是睡在自己家里的热炕上好啊，做梦更香甜吧？你不乐意在树林里守着吧？"可是塞苏伊奇是这么回答的："贼不来，守也是白守呀！"他们又对塞苏伊奇说："小牛可都发臭啦！"塞苏伊奇说："那才好呢！"

塞苏伊奇就是那么安然自在，真拿他没什么办法！

塞苏伊奇知道该做什么。他也知道，熊想着农庄里的牲口群，已经不是一天两天了。不过因为它眼前摆着个现成的死牲口，所以没有去扑那些活牲口。塞苏伊奇心里知道，熊闻到了死牛那散发着那像人尸一样的臭味。猎人那锐利的眼睛，发现了在放小牛的栅栏周围有熊的脚印。熊还没有动小牛，是因为它肚子不饿，要等牛尸发出更强烈的臭味时，它才会美滋滋地大吃一顿。这种乱毛蓬松的森林野兽就是这样的胃口。死小牛在那里躺了一个多星期。塞苏伊奇还是每天回家过夜。终于有一天，他根据脚印，断定熊曾经爬过了栅栏，在牛尸上撕下了一大块肉。就在当晚，他带着枪爬上了棚子。

树林里的夜晚静得很，动物们都休息了。不过，并非所有鸟兽都睡了。猫头鹰扇动着毛茸茸的翅膀，不动声色地飞过，搜寻着草丛中窸窣作响的野鼠；刺猬在林子里晃悠着，寻找着青蛙；兔子在咔嚓咔嚓地啃着白杨的苦树皮；一只獾在土里翻着它喜欢的那些细植物根。这时，那只熊悄悄地走向死小牛。塞苏伊奇奇困无比，这深更半夜的，往常在这段时间，他都是睡得很香的。忽然，他听到什么东西喀嚓一响，不禁打了个冷战。也许他听错了？不是的。此时，虽然天上没有月亮，但是北方的初夏夜，没有月亮也不算黑。他可以清清楚楚地看到——在泛白的白桦树栅栏上，爬着一只黑毛野兽。

熊爬过栅栏，吧唧吧唧地吃着。

"你等着瞧！"塞苏伊奇心里想道：我这还有更好的东西招待你呢——我要请你尝尝枪子儿了。"他端起枪，瞄准熊的左肩胛骨，一声雷鸣般的枪响，惊动了沉睡的森林。兔子吓得从地上蹿起半米高；獾吓得呼呼直叫，慌忙奔回自己的地洞；刺猬缩成了一团，竖起了身上的刺；野鼠一溜烟躲进了洞；猫头鹰悄悄地飞进了大云杉的浓荫里去了。

片刻之后，世界又安静了。于是，那些昼伏夜出的野兽又放大胆子，各忙各的了。

塞苏伊奇从棚子上爬下来，走到栅栏边，卷上一支烟抽了起来。他不慌不忙地回家了。天就要亮了，得补上一小觉！

等到人们都起了床，塞苏伊奇对小伙子们说："喂，小伙子们！套上大车去树林里把熊拉回来吧，以后熊可伤害不了咱们的牲口了！"

【思考】

1. 本书讲述的是四季中哪个季节的故事？
2. 勾嘴鹬的羽毛是什么颜色的？它们是怎么保护自己的？
3. 哪种动物一到夜间就开始空袭城市的郊区。

比安基作品精选：

小山雀的日历

一 月

有个年幼的小山雀，叫杰尼卡。它自己没有家，整天从一个地方飞到另一个地方，有时在栅栏上蹦蹦跳跳，有时在树上唱歌，有时又跑到房顶上淘气——它很聪明！每天，当夜幕降临的时候，它就去寻找空树洞，或者是屋檐底下的小孔，躲进里面，合上小翅膀，就在那里度过漫长的黑夜。

但是有一次，一个冬天，它幸运地发现了一个空的麻雀窝。就在一个窗子的上面，里面竟然有一整条绒毛做成的垫子。于是，我们的小杰尼卡，在离开家后第一次睡熟了，睡得那么安静，那么温暖。

突然有一天夜里，它被一阵强烈的嚷嚷声吓醒了。屋子里一直在吵，每一个窗子都亮了灯。

杰尼卡害怕了，它急忙从家里蹦出来，用爪子勾到窗沿上，向屋里望去。

在那儿，房间吊灯的下面，竟长出了一棵大枞（cōng）树。

它可真大啊！四周还燃着篝火，堆放着那么多玩具。一群人围着大枞树跳啊，叫啊的。

杰尼卡从来没见过这样的事啊！人们怎么能这样过夜呢，它去年夏天才出生，这个世界上，有太多的事它不知道了。

它在后半夜才睡着，那时候，人都已经回家了，灯也关了，终于安静了。

早晨，麻雀们欢快的叫嚷声弄醒了杰尼卡。它从巢里飞出来，问它们：

"麻雀，你们在喊什么啊？人们已经吵了一整夜了，不让别人睡觉，到底发生了什么事啊？"

"怎么？"麻雀显得很吃惊，"你难道不知道，今天不是一般的日子，今天是新年啊？所有人都很高兴——人们，还有我们。"

"这个……新……年是怎么回事？"小山雀还是摸不着头脑。

"哈，你真是个黄毛小子！"麻雀唧唧喳喳地笑着说，"新年可是一年里最大的节日！今天太阳又开始直射我们这里，日历又开始了一个新的轮回。今天就是一年一度的元旦。"

"'元旦'是什么？'日历'又是什么东西？"

"天哪，你可真无知啊！"麻雀撇了撇嘴，"日历就是太阳在这一年中运行的日程表。一年由很多个月份组成，一月是一年最开始的一个月份，就是一年的鼻尖儿。一月后面跟着十个月，可以把它们想象成人？十根指头，也就是二月、三月、四月、五月、六月、七月、八月、九月、十月、十一月。十二月是最后一个月份，就是一年的尾巴，记住了吗？"

"没……没有，"杰尼卡难为情地说，"怎么这么多数字，我怎么能一下子全记住啊？'鼻尖儿''十根指头'还有'尾巴'，这几个词我知道了，可月份的名字太难记了。"

麻雀无可奈何地摇了摇头，对杰尼卡说："这样吧，你去果园、田地和森里去转转，看看别的地方都是什么样，如果你听到别人说，'这个月要结束了，那时候，你就回来找我吧！我就跟你讲每个月份的名称，那样的话，你就能依次将所有的月份名称都记住啦，我就住在那边的房檐下。'"

"那可太感谢啦！"杰尼卡高兴极了，"我一定会每个月都来找你的，再会！"

就这样，它飞走了。整整三十天过去了，第三十一天，杰尼卡飞回来了，向麻雀讲述了自己所看到的一切！

麻雀对杰尼卡说："喏，那你就记住吧，一月，是一年的最开头的那个月，也就是从孩子们最喜欢过的新年开始，太阳公公一天比一天起得早，也一天比一天睡得晚。白天越来越长，可天气也越发严寒，天空中经常笼罩着乌云。

"你看吧，太阳一露头，你这小山雀就会快乐地歌唱了。你一定会开心地放声歌唱：'金，金，啾！金，金，啾！'"

二　月

太阳公公出来了，笑得那样灿烂，光芒四射。暖和的阳光照耀着大地，一些悬挂在屋顶的小冰柱，现在开始滴答滴答地往下淌水了。

"看起来，春天已经来啦！"杰尼卡好开心呀，欢快地唱了起来，"金，金，啾！金，金，啾！快把棉衣换！"

"亲爱的，还早着哩，"麻雀说，"天气还没有真正变暖呢，我们还要遭不少罪。"

"不会的！我现在就去森林，看看那儿有什么好玩的事儿没。"杰尼卡说着就匆匆忙忙飞走了。

它很喜欢森林里美丽的景色。树枝上还有白雪，云杉宽宽的枝

116

头上还压着小雪块，森林是那么的美丽！

杰尼卡一使劲，就跳就到了树枝上。雪扑簌簌地掉下来，在阳光下，显得亮晶晶的，五光十色，闪闪发光。

杰尼卡在树枝上蹦蹦跳跳个不停，把树枝上的积雪纷纷震到?地上。它仔仔细细地查看，每一片树皮和所有的树缝。它的眼睛真是厉害啊，就连藏在树皮下的小昆虫都发现了，它把尖尖的嘴巴伸进树缝，用力将窟窿弄大一些，一下子就把那虫子叼了出来。

原来很多小昆虫都是躲在树皮下过冬的，杰尼卡就靠吃这些小昆虫填饱肚子。它边吃还得边留意周围的一切。

突然，它注意到有只林鼠从雪地下面跳了出来，一身的毛凌凌乱乱，身子瑟瑟发抖。

杰尼卡问："怎么了?"

"哎呀，差点没吓死我！"林鼠回答说。

它气喘吁吁地说："刚才我正在被雪堆覆盖的乱树枝里跑着，突然，一个不小心，掉到了一个好深的大坑里，那竟然是个狗熊的窝呀。母狗熊还躺在里面呢，身边还有两只刚出生的小熊，毛茸茸的。多亏它们睡得沉，没发现我。"

森林里，杰尼卡接着往前飞，它又遇到一只啄木鸟，这啄木鸟还带了一顶红帽子。很快，它交上了啄木鸟这个朋友。

啄木鸟的嘴巴是棱状的，坚固有力。它用嘴巴凿开树干，掏出肥肥的虫子分给了小杰尼卡一点，自己吃完就飞走了。

杰尼卡紧紧跟在啄木鸟身后飞着，边飞还边开心地在森林里唱着："一天比一天光明，光明；心情越来越高兴，高兴。"这银铃般的歌声在森林上空飘荡着。

这时，树林中忽然响起了猛烈的呼呼声，寒风刮得枝叶嗡嗡作响，四周一片乌黑，像晚上一样。谁也不知道这风是从哪儿刮来的，它摇曳着树木，云杉树梢头上覆盖的雪层都被吹了下来。雪在空中肆意地漫天飞舞。暴风雪开始了，杰尼卡停止了歌唱。肆虐的风雪拼命地吹，把它小身子刮得紧紧缩成一团，羽毛被吹得直往上竖，冻得直哆嗦。

好在啄木鸟请它到自己的窝里去，要不然小杰尼卡肯定会被冻僵。

狂风暴雪整整折腾了一夜。等它停了，杰尼卡终于能把小脑袋从树洞里伸出来了，那片森林现在变得都快认不出来了——所有的树木，所有的枝枝杈杈都被雪蒙在了下面！一群饥饿的狼穿过树木间，松软的积雪没过了它们的肚皮，树下横七竖八地躺着黑不溜秋的树枝，那是被风撕断的。

杰尼卡感觉肚子有点饿了，想找虫子吃，它飞出来落在了树枝上，想从树皮下面找点虫子填饱肚皮。

忽然一只小兽从树皮下钻出来，身子雪白雪白的，竖着两只带黑点的耳朵，它跳出来蹲在那儿，一动不动，一双睁得大大的眼睛瞪着杰尼卡。

杰尼卡被吓坏了，翅膀都耷拉了下来。

"你是谁啊？"它尖叫着。

"我是雪兔，就是兔子，你又是谁呢？"

"哎呀，原来是兔子啊？"杰尼卡一听高兴了，"那我就不害怕了，我是只小山雀。"

虽然，这是它第一次见兔子，可它听说过兔子是不会伤害鸟的，而且它们都很胆怯，什么都害怕。

杰尼卡问道："难道你就住在这儿？"

"没错啊，我就在这儿住。"

"可是，这儿现在已经完全被覆盖在雪下面了呀！"

"当然了，刚才有只狼从我旁边经过都没发现我，因为昨夜的暴风雪把我以前留下的脚印都吹没了，连我都被埋在了雪下面，它们谁都没发现我在这里，这样我很喜欢！"

于是，杰尼卡和小兔子成了一对好朋友。

打那之后，小杰尼卡整整在森林里待满了一个月，各种各样的天气都被它给遇到了——有时候会碰到雪天，有时候冷风直吹，有时候太阳也出来凑凑热闹，可是即使是晴朗的天气，也还是一点儿都不暖和。

杰尼卡飞去找老麻雀，向它讲述了它所看到的一切。老麻雀告诉它说："暴风雪还没完，冷风仍然会刮个不停。

"二月里的狼饿得又凶狠又毒辣，而二月里，母熊会躲进巢中生小熊，阳光照耀的时间会延长一点，可温度还是非常低。

"你不妨现在就去大地上看看吧。"

三 月

于是，杰尼卡往田野里飞去了。

山雀无论在什么地方都能生活：只要有小灌木，它就可以吃饱。

有一种灰色的鹌鹑，居住在田野的灌木丛里，那是一种羽毛很漂亮的野鸡，胸脯带有一块咖啡色的马掌形斑点。它们群居在那里，靠吃从雪底下挖出来的谷粒为生。

"可是，你们在哪儿睡觉啊？"杰尼卡好奇地问它们。

"你就按我们的方法睡吧。"鹌鹑说着，"你瞧！"

只见它们全体张开翅膀，很快地飞起，四散飞去，飞着飞着突然扑的一声钻进雪堆里！

雪非常疏松，被它们的翅膀卷起来的雪落下的时候，就把它们给盖在了下面，从上面看起来谁也不知道它们藏在了那儿，就这样，它们安稳地睡在又厚又软的雪花被子底下，感觉既暖和又舒服。

"这不行。"杰尼卡心中暗想，"我可没法这样睡觉。我还是得去找个更适合自己的地方睡觉。"

在灌木丛中，杰尼卡发现了一个不知被谁丢在那儿的柳条筐，它一下子跳进了里面，就慢慢进入了梦乡。

幸好它选择这样睡觉了。

因为那天白天天气很晴朗，表面的积雪已经被晒得有些消融，变得松软了，可当天夜里寒流却突然袭来。早晨，杰尼卡醒来一看：鹌鹑都哪儿去了？哪儿也看不见它们。它们晚上钻进雪里的地方，现在有一层冰壳在闪烁着。

杰尼卡心想，鹌鹑这下倒霉了——它们现在像被关在牢房里似的被困在冰屋顶的房子下面，逃不出来了，恐怕小命难保了?! 怎么办呢？要知道，山雀是一种有斗志的鸟。

杰尼卡飞到冰壳上，用它那坚硬的尖嘴凿起冰来。很快，它就凿出了一个小小的冰窟窿，把鹌鹑们一个一个从牢房里救了出来。鹌鹑们对它千恩万谢，还大大地赞扬了它的好心肠！

为了感谢它，它们还把许多谷粒和种子当成谢礼送给它。

"干脆你就和我们共同生活吧，别走啦！"

于是，杰尼卡就住在那里了。阳光一天比一天明媚，天气也越来越温暖。田野上覆盖的积雪逐渐消融了。后来，只剩下很少一点儿雪，太浅了，鹌鹑们没办法再在里面过夜了。于是，它们就集体搬进了灌木丛中，睡在杰尼卡的柳筐旁边。

直到后来，田野里的小丘、泥土都裸露了出来。大家看了，都十分开心！

不到三天的时间，那些雪花融化的地方，不知道从哪儿搬来了好多身子黑漆漆的白嘴鸦。

"你们好呀！欢迎欢迎！"

只见，白嘴鸦们十分神气，骄傲地踱着方步，身上紧实的羽毛闪闪发光，它们不时地用嘴巴翻开地面，寻找虫子和幼虫吃。

它们来后不久，杰尼卡和白头翁也唱着歌飞来了。

杰尼卡欢快得不停地唱：

"金，金，娜！金，金，娜！春天到了！春天到了！春天到了！"

它就唱着这支歌欢快地飞到老麻雀那儿去了。老麻雀对它说：

"没错。三月里白嘴鸦也飞到了这里——换句话说，现在终于真正进入春天了。在田野里就能发现春天确实来了。你现在不如到小河边去找找看吧。"

四 月

于是，杰尼卡就飞到了小河边。

杰尼卡在田野上空飞翔，在草地上空飞翔，听见所有的小溪、小河都在歌唱。小溪流一边唱着歌，一边尽情流淌——欢快地往大河奔流汇聚。

杰尼卡飞呀飞，一直飞到了河边，河流这个时候的样子真吓人啊：河面上的冰发出蓝莹莹的光，河水已经漫到了河岸上来了。

杰尼卡看到，向河里奔流的小溪流越来越多。

小溪顺着山谷在雪下静悄悄地流着，流到河岸就哗地跳进河里。没过多久，许许多多的小河、小溪和小小溪都流到大河里，躲在冰下面了。

这时，飞来一只小鸟儿，它身子纤细、羽毛黑白相间，沿着岸边跑来跑去，小长尾巴一摇一摇，唧唧地叫：

"噼，丽克！噼，丽克！"

"你叫唤什么呀？"杰尼卡问它，"你为什么摇尾巴？"

"噼，丽克！"纤细的小鸟儿回答，"难道你不知道我叫什么？我的名字叫破冰鸟。你瞧，现在我摇晃着尾巴，往冰上啪地使劲一敲，冰面就会开裂，冰封的河水就连同碎冰块一同流淌起来了。"

"怎么可能呢？"杰尼卡不相信，"你是在吹牛吧！"

"你不相信？"纤细的小鸟儿说，"噼，丽克！"

说着，它把自己的尾巴摇得更欢了。

忽然间，不知道在大河上游的哪里，冰面发出轰的一声震天响声，听起来像放炮一样震耳欲聋！破冰鸟吓得飞了起来，拼命拍着翅膀，转眼间就消失了。

杰尼卡看到宽阔的河面上覆盖的冰层就像玻璃一样碎裂炸开了。所有流进大河里的小溪，一起从冰面下拼命地挤压着上面的冰层，强大的压力竟然把厚厚的冰层都给冲裂了。冰裂开后，破碎成无数大大小小的冰块。

河水带着碎冰块一起流淌着，谁也不能再阻挡它前进的脚步。冰块在河面上摇摇晃晃的，漂浮在水面上，随水流而下，它们互相撞击，互相围绕着画圈，所有的冰块都拥挤地将彼此推向岸边。

立刻，河面上飞来了各种各样的鸟，好像它们本来就藏在附近的某个角落里，一直等待着这一刻似的，有野鸭、鸥和滨鹬。这时，杰尼卡看见破冰鸟又回来了，小脚在岸上踏着，尾巴一摇一摇。

所有的鸟都在放声歌唱，一派欢天喜地。有的潜到水里去追鱼；有的把嘴插进泥里，在泥里找东西吃；有的在河岸上空捉小苍蝇。

"金，金，好！金，金，好！冰流了！冰流了！"杰尼卡唱起来。

它愉快地飞去讲给老麻雀听，它都在河岸上发现了什么。

老麻雀对它说：

"瞧！在田野里最先发现春天的踪迹，接着是河里。别忘了，我们这里，冰封的河流化冻开裂的月份是四月。现在，你再飞去树林，瞧瞧那里又发生了什么吧。"

于是杰尼卡赶忙往树林的方向飞去了。

五 月

森林里，仍然有少量的积雪。雪躲在高大的乔木和低矮的灌木丛下面，因为在那里太阳的光线很难直射进去。去年秋天播种在田里的黑麦，如今已经长成一片片绿油油的麦苗了，可是森林里的树木仍然光秃秃地挺立着。

然而，森林现在也已经不像冬季里那般寂寞了，这里充满了欢声笑语。不知从哪里飞来了各种各样的小鸟儿，它们在树木中间飞来飞去，在林中空地上跳来跳去，嘴里都哼着歌——在树枝上唱，在树梢上唱，也飞到半空中开怀地唱。

现在太阳公公每天早早就起床，很晚才下山，它辛勤地用阳光普照着大地。阳光暖洋洋的，林中居民的日子都舒服了许多。杰尼卡不用再担心找不到睡觉的地方了——如果能睡在空树洞里当然很好；可是即使找不到，就算只有一根树枝，一丛树木也都能过夜。

一天夜里，它发现整个树林都弥漫着雾气，一层淡淡的浅绿色雾气，把树林里的白桦树、白杨树和赤杨树都包裹其中。第二天，当太阳高高升起后，每一棵白桦树的每一根枝杈上，都像是齐刷刷地伸出了一根根绿色的"小指头"，原来树木要萌出绿芽了。

于是，森林中的表演正式拉开了序幕。

听啊，灌木丛里的黄莺吹起婉转的口哨，唱起歌来。

每一个小水塘，都有无数小青蛙鼓着腮帮子咕咕呱呱地叫。

树上的花盛开了，铃兰花也绽放了。小金虫在树枝中间飞来飞去，嘁嘁地叫着。蝴蝶匆匆忙忙从这朵花的花蕊上飞到那一朵上。布谷鸟布谷、谷地叫个不停。

那只戴小红帽的啄木鸟，是杰尼卡的朋友之一，它虽然不懂唱歌，但也并不为此苦恼。它已经选定了一根干枯的粗树枝，用尖尖的嘴巴在那上面努力地敲击了起来，这笃笃笃的鼓声响起来，迅速传到了整个树林中。

野鸽子高高地飞在树林上面，在空中耍着令人头晕目眩的戏法，翻跟头、打把势。每只都按照自己的爱好表演着、嬉闹着。

杰尼卡觉得什么都有趣极了，于是，它什么地方都赶去凑热闹，跟大家一起玩乐。

每天，东方的天空刚刚泛白时，杰尼卡都会听见树林中响起一个嘹亮的声音，就好像谁在里面吹响小喇叭似的。

它飞到那儿去一看，原来那里是一片沼泽地，在那片沼泽地上生长着的，除了苔藓，还有小松树。有一些大鸟在那儿转悠着，杰尼卡此前从来没见过这种鸟，它们的个子跟绵羊差不多高，长着细长细长的脖子。突然它们仰起了自己的长脖子，用嘹亮的嗓音叫了起来，声音听起来就像是吹喇叭：

"特尔尔鲁，尔鲁！特尔尔鲁，尔鲁！"

杰尼卡的耳朵都快被这只大鸟喊聋了。

后来，其中一只展开翅膀和蓬松的尾巴，向邻居们深深地鞠了一个躬，随后就跳起好看的舞蹈，只见它一小步、一小步地跳动起来，它跳呀跳呀，转呀转呀；一会儿踢动这只脚，一会儿抬起那只脚，一会儿敬个礼，一会儿蹦起来，一会儿又蹲下去，真是太有趣了！别的鸟都围绕着它站成一圈，看着它，一起挥舞着翅膀，欢呼起来。

杰尼卡不清楚这些大鸟是些什么鸟，在这树林里，它也不知道跟谁打听去，所以它干脆飞回城里去找老麻雀问个清楚。

老麻雀告诉它说：

"那种大鸟叫灰鹤，鹤是一种严肃而庄重的鸟，你刚才看到的是它们那美妙而复杂的舞蹈。因为欢乐的五月已经来到了这里，这时的树林换上了一身崭新而翠绿的衣裳，鸟儿们都为此欢唱。阳光暖融融地照耀着大地，给万事万物带来光和热，还有数不尽的欢乐。"

六　月

杰尼卡心里想："我何不去各地方转一转呢？"于是它飞往森林，飞往田野，飞往小河边……它要清清楚楚地看看这一切。

它所做的第一件事，就是去拜访它的老朋友——红帽子啄木鸟。啄木鸟远远地看见它，叫道：

"吉克！吉克！去！去！这是我的领地！"

杰尼卡感到太奇怪了，被啄木鸟气得要命：哪儿有这样的朋友呀！

它又回忆起田野里的那只鹌鹑，就是那只胸脯上带有一块咖啡色马掌形斑点、身上长着灰色羽毛的鹌鹑，于是就飞到田野里想找到它们，可是在那个曾经的老地方却没发现它们的踪迹！就在这儿，曾经有整整一大群鹌鹑啊，现在都飞到哪去了呢？

它在田野上空飞呀，飞呀，找了好久，好容易找到一只公鹌鹑。这个时候，黑麦已经长得很高了，这只公鹌鹑就蹲在里面，嘴里喊：

"齐尔，维克！齐尔，维克！"

杰尼卡向它走去。它却对杰尼卡说：

"齐尔，维克！齐尔，维克！奇奇咧！走开！走，走开！"

"这是怎么搞的？"杰尼卡很愤怒，"就在前些天，我还曾经帮你们从冰牢里逃出来，救过你们的命，如今，你竟然赶我走?"

"齐尔，维克!"公鹌鹑有点不好意思地说，"没错，你是救过我们的命，这我们没忘。可是，现在你最好别往我们身边走，因为现在和以往不一样，这阵子我们一见面就想打架!"

如果鸟儿也有眼泪，杰尼卡一定会大哭一场——它心里是多么伤心，多么难过啊!

于是，它伤心地转过身，向小河边飞去。

它在灌木丛上空飞行着，忽然有一只灰色的小兽从灌木丛里一跃而出!

把杰尼卡吓了一跳，忙闪到一边。

"难道你认不出我啦?"那只小兽喜笑颜开地说，"咱俩可是老熟人呀!"

"你是谁啊?"杰尼卡惊讶地问。

"我是兔子啊!雪兔。你不记得了?"

"可你明明是灰色的，怎么会叫雪兔呢?雪兔我没忘啊。它浑身的毛洁白如雪，只是长长的耳朵上带点黑边。"

"嗯，你记得没错，冬天，我的确是白色的，那是为了在雪地上隐藏自己。可到了夏天我就变成灰色的了。"

它们聊了一会儿天，还好，聊得很开心，没有吵架。

后来，老麻雀对杰尼卡说:

"这是六月，是夏天的开始。鸟类都在这时候做巢，巢里有珍贵的蛋或雏鸟宝宝。它们不允许任何人接近自己的巢，不管是敌人也好，朋友也罢，都不行。因为即便是自己的朋友，也可能粗心大意地碰坏鸟蛋。这时候，也到了野兽生小兽崽的时间，野兽们也同样不愿意任何人接近它们的巢穴。只有兔子是无牵无挂的，它们总是把自己刚生下的孩子，随便放进树林里，不久就把它们给忘到脑后了。因为小兔宝宝只有刚出生几天需要兔妈妈的照料，只要吃几天妈妈的乳汁，之后它们就能自己独立吃草了。这个时候啊！"老麻雀又加了一句，"是一年中阳光最强烈，白昼也最长的时间。现在大地上，无论是飞禽还是走兽，都能找到许多食物喂饱自己的小宝宝。"

七 月

老麻雀说：

"从新年的枞树节算起，已经过去了整整六个月，算起来就是半年时间了。别忘了下半年是从盛夏开始的。现在是七月了，对雏鸟和小兽们来说，这是最美好的一个月，因为所有的东西对它们来说都充裕——光照时间长，天气暖洋洋，各种各样能吃的食物也非常丰盛。"

"谢谢你！"杰尼卡说完，又飞走了。

"我也该成熟点儿，收收心，定居下来了。"它暗暗想，"森林里有许多树洞。我干脆在里面找一个自己最喜欢的，当成自己的小房子，以后就在那儿过日子吧！"

它想得倒是不错，但是要做到却不容易。

要知道，现在森林里几乎所有的树洞都已经被鸟儿占领，当成自己的家了，也几乎所有的巢里都有一窝鸟宝宝。有些雏鸟还非常娇小，它们浑身光秃秃的，连毛都没有，而另一些雏鸟的身上也只覆盖了一层绒毛，还有的雏鸟虽然长出了羽毛，但嘴还是黄黄的，整天唧唧喳喳地叫个不停，向自己的父母要吃的。

鸟爸爸、鸟妈妈们，也飞进飞出，忙个不停，它们捕捉苍蝇、蚊子、蝴蝶，还要寻找青虫和软虫，自己一点儿也不吃，全都带回家喂给雏鸟吃。这算不了什么——它们还很高兴地唱歌呢，真是任劳任怨。

唯有杰尼卡，它独自一人感觉十分寂寞。它心里琢磨："干脆我帮助别的鸟喂鸟宝宝吧。它们肯定会对我感激不尽的。"

于是，杰尼卡在云杉上找到一只蝴蝶，便把它衔在嘴里，四处寻找，看看自己可以把食物给谁吃。

这时候，它听见橡树上传来几声小金翅雀啾啾的叫声，它们的巢正好筑在那高高的橡树枝上。

杰尼卡赶忙飞了上去，把嘴里的蝴蝶塞进一只小金翅雀张得大大的小嘴巴里。

小金翅雀想把这只蝴蝶一口吞进去，可它显然咽不下去，蝴蝶对它的小喉咙来说简直太大了。

幼小的雏鸟拼命往下咽，蝴蝶却噎在了嗓子那儿，怎么也下不去了。

雏鸟好像马上就要被噎死了。这一幕把杰尼卡吓得胡乱叫嚷起来，它完全不知道该如何是好。

这时，雀妈妈飞来了，一下子衔住蝴蝶，把它从小金翅雀的嗓子眼儿里拔出来扔掉。它对杰尼卡吼道：

"快滚开！傻瓜，我的宝宝差一点就被你噎死了。怎么能把一整只蝴蝶一口喂给鸟宝宝呢？都不知道把翅膀先扯下来！"

杰尼卡匆匆逃回树林里去，找了个地方躲了起来，心里面既惭愧，又委屈。

接下来的几天里，它在树林里胡乱转悠着，可是现在谁也不肯接纳它加入自己的鸟群！

来到树林里的小孩子一天天多起来，他们的胳膊上几乎都拎着一个篮子，高高兴兴的，边走边唱。到了树林里，就散开，分头去采摘浆果——有的浆果被放进了嘴巴里，更多的则扔进了篮子。

树林里的马林果已经全熟了。

杰尼卡总是在孩子们身旁转悠，从这根树枝飞上那根树枝，虽然杰尼卡不懂他们的话，他们也不懂杰尼卡的话，可是他们在一起的确快乐一些。

有一次，一个小姑娘悄悄地走进马林果子地里去，钻来钻去采浆果。

杰尼卡在她头上的树枝间飞来飞去。忽然，它发现马林果地里竟然还有一只吓人的大狗熊。

小姑娘恰好往熊的方向走了过去，她并没注意到熊的存在。而狗熊也没有发现小姑娘，它也在忙着采摘浆果。只见它用大大的巴掌一把拽住马林果藤，胡乱往自己嘴巴里塞。

杰尼卡想："糟糕，这个小姑娘很快就会跟熊撞在一起的，她会被那个可怕的大家伙给吃掉！得赶紧想个办法救她啊！"

于是杰尼卡就用山雀国的话，在树上喊道：

"金，金，稳！小姑娘！小姑娘！有狗熊！快快跑！"

全神贯注的小姑娘，根本就没有留意杰尼卡的提醒，因为她根本听不懂鸟类的任何一个字！

可是，大狗熊却全听懂了——只见，它猛地站起身来，朝四周张望：哪儿有小姑娘？

"完了，"杰尼卡想道，"这下子小姑娘可完了！"

谁知狗熊一看到小姑娘，竟然吓得拔腿就逃，转眼它就冲进了灌木丛，逃走了！

杰尼卡觉得奇怪，心想：

"我本来是想从狗熊嘴里救出小姑娘的，谁知反倒帮狗熊躲开了小姑娘！长得这么大又这么凶的大狗熊，怎么会怕这么个小小的人呢！"

打那以后，只要杰尼卡在树林了遇到小孩子，它就会兴高采烈地给他们唱起一支动听的歌儿：

金，金，咧！金，金，咧！谁起得早，谁采蘑菇。谁爱睡懒觉，谁只好采荨蘑，只怪他来得晚了。

那个吓跑狗熊的小姑娘，总是头一个来到树林；当她走出树林的时候，总是挎着满满一篮子果实。

八 月

"过了七月，就是八月了。"老麻雀说，"别忘了这是夏天的第三个月，也就是最后一个月。"

"八月。"杰尼卡跟着念了一遍。

它开始想，这个月里它应该做点什么事。

不过，它是一只小山雀呀，山雀们是不可能长时间停留在一个地方的。它们总得不停地飞来飞去、蹦来蹦去，沿着树枝一会儿向上爬，一会儿向下爬，有时头朝上，有时头朝下。像这样，脑子肯定不会那么灵活的。

杰尼卡在城里住了一些时候，它觉得很没意思。它自己都不明白，怎么会再一次来到树林里。

来到树林里，它感觉很不一样：这些鸟儿们又怎么了？

就在不久之前，这些鸟儿还会看见它就撵个不停，不肯让它离它们和它们的宝宝太近，可是现在却一看见就主动招呼着："杰尼卡！快到我们这儿来吧！""杰尼卡，加入我们吧！""杰尼卡，怎么不和我们在一起呢？""杰尼卡，杰尼卡，杰尼卡！"

杰尼卡四下一瞧，几乎所有的巢现在都是空的，所有的树洞也都没有了鸟宝宝，现在所有的鸟宝宝们都已经长成大鸟的样子，它们学会了自己飞行。和爸爸妈妈们共同生活，能全家在一起飞来飞去，不需要长期停留在一个地方，所以也就不再需要巢了。它们又变得呼朋引伴，热情好客，像游牧生活一样，显得非常热闹。

杰尼卡有时参加这一群鸟，有时参加那一群鸟。它和凤头山雀在一起过一天，又和肥山雀在一起过一天。日子过得很舒服，阳光温暖而明媚，食物很充足。

有一天，杰尼卡在路上碰到了松鼠，它俩停下来瞎聊了一会儿，跟松鼠告别后，它发现了一件挺奇怪的事。

它看到松鼠爬到树下的草丛里采了一朵蘑菇，但却没马上吃掉，而是叼在嘴巴上，又匆匆爬回树上。只见它在树上选择了一根尖尖的树枝，把蘑菇穿在了上面，接着又回到草丛里继续找蘑菇吃。

杰尼卡好奇地飞到小松鼠面前，问它：

"小松鼠，你忙乎什么呢？为什么不把蘑菇吃掉，却把它挂在树枝上呢？"

"什么？"松鼠回答，"我收集蘑菇，是准备把它晾干存起来留着冬天吃，在冬季严寒的日子里，要是没有存粮，会饿死的。"

这时，杰尼卡才发现，不光是松鼠，其他的小兽们也都在忙忙乎乎地给自己准备冬天吃的储备粮。比如野鼠、田鼠、储粮鼠，它们先是用嘴巴衔着谷物，一趟一趟搬回到自己的小洞穴里，把自己的小仓库装得满满当当的。

杰尼卡也开始储藏一些东西，准备在食物难找的时候再吃；现在每当它发现好吃的植物种子时，总是只吃掉其中一部分，把剩下的塞进树皮底下，或者树木的小缝里。

黄莺看见这一幕，不禁笑话它说：

"杰尼卡，如果你是想储藏一整个冬天用的存粮的话，我看你得挖个洞才行啊。"

杰尼卡听了觉得挺不好意思。它问黄莺：

"那你冬天怎么过呢？"

"管它呢！"黄莺打了一个呼哨，"秋天一来，我就要飞走，离开这个地方了。飞到很遥远很遥远的地方，飞到即使在冬天也气候宜人、玫瑰花绽放的地方去。在那里，不用为吃的东西烦恼，冬天也照样有许多好吃的，就像这里的夏天一样。"

"因为你是黄莺啊，"杰尼卡说，"你当然无所谓，今天可以在这儿唱歌，明天就能去那儿唱歌。可我不行啊，我是只山雀。我出生在哪里，就一生都得住在哪儿。"

接着，杰尼卡心里暗想："我也该琢磨一下自己筑巢的事了！"

这个时候，人们都到田里去收获庄稼了，他们把收割下来的粮食运回家。夏天马上就要成为过去……

九　月

"现在到了几月份了？"杰尼卡问老麻雀。

"现在是九月，"老麻雀说，"九月是秋天的第一个月份。"

的确，现在的阳光没有夏天时那么炙热不堪了，白天明显变短，黑夜却越拉越长，秋雨也整天淅淅沥沥，越下越多了。

秋天最早光临的是田野。杰尼卡每天都能看到，人们不分白天黑夜地忙着收割庄稼，粮食接连不断地被人们从田里运到乡村，又从乡村运进城市。很快，田地里就变得空空如也，此时风没有任何障碍，它在田地里无拘无束地流浪。

一天晚上，风终于停了，天上弥漫着的乌云散开了。到了第二天早上，杰尼卡简直都认不出这是原来的那块田地了——整个大地白茫茫一片，许许多多纤细的银白丝线在田野的上空飘散。每一根银丝的一头，都长着一个小小圆球，银丝纷纷落在了杰尼卡身边的灌木丛上。搞了半天，原来那些小圆球竟然是一个个小蜘蛛啊。杰尼卡毫不犹豫，一口就把它咽到肚子里了。味道不错！不过，那些蜘蛛丝却把嘴给粘住了。

还有许许多多牵着银丝的小蜘蛛，正轻悠悠地飘散在田地上空，有些落在了收割后还残留在地里的庄稼上，有些落在灌木丛上，还有些落在了树枝上。幼小的蜘蛛们就这样分散到了各处。到了目的地后，小蜘蛛们就纷纷丢掉了自己用来飞行的丝线，选择藏在树皮底下的缝隙，或是地上的一个小洞，一直到第二年的春天。

树林里的树叶已经开始变黄，变红，变褐。一窝一窝的鸟儿，已经开始集汇成小群，小群又集汇成大群。它们在树林里的飞行范围渐渐变得越来越大。它们在为远行作着一切准备。

有时候，不知从哪儿，突然出现一群杰尼卡完全不认识的鸟儿——长嘴的鹬鸟，前所未见的野鸭。它们停留在小河上和沼泽里；白天找食物吃、休息，夜里继续向前飞，向中午有太阳的方向飞。这是从遥远的北方朝南飞的沼泽鸟和水鸟路过此地。

一天，杰尼卡在田野上的灌木丛中，遇到一群唧唧喳喳的活泼的山雀。它们的模样和自己差不多，也是白色脸颊、黄色胸脯，一根长长的黑领带一直延伸到尾巴那里，这群山雀越过田野，从一片小树林飞到另一片小树林。

杰尼卡还没有来得及跟它们成为朋友，灌木丛下就又飞出一大窝吵闹不休的鹌鹑。就在这时候，树林中瞬间响起一声短促有力、震耳欲聋的巨响，蹲在杰尼卡一旁的一只公山雀，叫都没来得及叫一声，就应声倒在了地上。接着又有两只鹌鹑，也凌空翻了两个跟斗，便滚倒在地上。杰尼卡吓得动弹不得，惊恐使它呆若木鸡地怔在了原地。

当它终于醒过来的时候，发现附近只剩下它独自一个——鹌鹑和公山雀全都消失了。

只见，附近出现一个留着大胡子的男人，肩上扛着一支枪，向这个方向走了过来，他拾起地上两只已经被打死的山鹑，高声喊道：

"喂，玛妞娘！"

一个尖尖细细的声音，从树林的那头回应了他，不大一会儿，一个小姑娘高高兴兴地跑到留大胡子的男人身旁来。杰尼卡发现这女孩，它竟然认识，原来她就是那个曾经在马林果地里吓跑大狗熊的小姑娘。现在她胳膊上还挎着满满一小筐蘑菇哩。

经过灌木丛的时候，她注意到了那只从树梢摔到地上的山雀，不禁停下了脚步，俯下身子拾起了山雀。这时，杰尼卡就一直蹲在灌木丛中一动也不敢动。

小女孩对她父亲说了几句话，父亲递给她一只水瓶。玛妞娘从水瓶里倒出一点水来，喷在山雀的身上。山雀刚一张开眼睛，就立刻扑腾起翅膀飞了起来，只见它一头扎进灌木丛，恰巧落到了杰尼卡身边。

看到这一幕，玛妞娘不禁眉开眼笑起来，她欢快地跟在父亲身后蹦蹦跳跳地跑远了。

十　月

"快，快点!"杰尼卡着急地催促老麻雀，"快点跟我说说，现在是几月份了，我还得赶紧飞回树林里去，我有一个朋友正在那生病呢。"

于是它把那件事讲给老麻雀听，一个留着大胡子的猎人，是如何开枪打到了一只恰巧蹲在它身旁的山雀的；那个叫玛妞娘的小姑娘又是怎么往山雀身上喷了点儿水，救活了它的命的。

老麻雀告诉了它，现在是秋天里的第二个月，被称为十月，杰尼卡问清楚之后，就赶忙往树林里飞去了。

它的朋友是一只公山雀。自从公山雀被猎枪打伤以后，翅膀和脚一直没有完全康复。它费了好大的力气才挣扎着飞到树林边。在那里，杰尼卡帮它找到了一个很好的树洞，找来青虫，一口一口喂给它吃，就像喂鸟宝宝一样。它当然早就不算雏鸟了，它现在都满两岁了，甚至比杰尼卡还大上了整整一岁哩。

又过了几天，公山雀终于完全康复了。那群曾经和它在一起的山雀，如今都不知道飞哪去了，只剩下它和杰尼卡两个天天在一起。现在它俩的感情可是相当好哩。

秋天也来到了森林里。起先，所有的树叶都染上了鲜艳的颜色，树林变得异常美丽。可是再后来，就吹起了猛烈的寒风。大风裹挟着树枝上的黄树叶、红树叶、褐树叶，带着它们在空中飞舞，然后又丢弃在地上。

又过了几天，树林已经看起来非常稀疏了，树枝统统变得光秃秃的，而树下的地面上却积满了五颜六色的落叶。从遥远的北方，从苔原地，飞来了最后的沼泽鸟群。现在，每天都有从北方飞到树林里的新客人，因为在那边，冬天已经光临很久了。

当然，十月里，也并不全是天天刮着肆虐的寒风，天天都下着恼人的秋雨。有些时候，天气也会格外地晴朗，风和日丽的。太阳并不太热，它用温柔的目光注视着大地，好像在向渐渐进入冬眠的树林做最后的告别。铺在地上，颜色发暗的落叶，那时就干枯了，变脆了。有些地方，从落叶下还钻出了蘑菇——乳蘑和黄牛肝菌。

但是，公山雀和杰尼卡在树林里再也遇不见可爱的小姑娘——玛妞娘了。

它们喜欢落到树林的空地上，在堆积得厚厚的枯叶上跳来跳去，寻找蘑菇上的蜗牛当食物。

有一天，当它们蹦到一朵长在白桦树墩中间的小蘑菇旁边时。树墩的另外一侧，突然跳出一只小野兽，身上长着白色斑点。

杰尼卡想立刻逃跑，可是公山雀却发起脾气，喊道：

"呸，呸，去！你是谁？"

公山雀胆子很大，只有当敌人直接向它扑过来的时候，它才有可能飞走。

"哎呀!"这只长着白斑的灰毛野兽,颤颤巍巍,犹豫不定地斜着眼瞥向它们,"你们俩口子可吓了我一跳!怎么不停地在这干枯发脆的树叶上踩来踩去啊?害我白白担心,以为是狐狸或者狼在这儿呢。我是兔子啊!"

"胡说!"杰尼卡站在树上向它喊道,"夏天里兔子是灰色的,到了冬天就成了白色的,这些我都记得,可你明明是只半白不白的东西。"

"可现在既不是夏天,也不是冬天呀!所以我当然既没有浑身发灰,也不是浑身雪白。"说到这儿,兔子竟然哭了起来,"你瞧,我现在整天都蹲坐在这棵白桦树桩边上,浑身哆哆嗦嗦,丝毫不敢动弹——还没下雪,但我身上已经长出了一层层雪白的皮毛。可现在大地仍然是黑的。白天,我在地上一跑,谁都能轻易地看见我。干树枝咔嚓咔嚓响得太可怕了!不论我怎么蹑手蹑脚地走,脚下都会发出雷鸣般的响声。"

"看吧,它胆子那么小,"公山雀对杰尼卡说,"可你竟然还会被它给吓到,它显然不是我们的对手。"

十一月

敌人——可怕的敌人——下月就要来到树林里了。老麻雀称呼这个月是十一月。它说,这是秋季的第三个月,也就是最后一个月。

这个时候的敌人是十分可怕的,因为它们来无影去无踪。树林里,各种各样的鸟儿、老鼠和兔子常常无缘无故就会失踪。不管是白天,还是夜里,只要一只小兽偶尔粗心大意,或者一只鸟儿离了群,那立刻就没命了。

谁也摸不着头脑，这个隐身的神秘凶手究竟是谁——是猛禽，是野兽，或者是猎人？总之所有动物都恐惧极了！鸟兽们一说起它，全都怕得要命。大家都在等待那场初雪，为的是可以根据被咬死的牺牲者周围的足迹，认出凶手。

有一天夜里，终于下起了冬天的第一场雪。可是到了第二天早上，树林里却又少了一只小兔子。

所幸，雪地上终于留下了凶手的脚印，就在小兔子脚印的周围，略微有些融化的雪地上，留下了一些令人恐怖的大爪印。有可能是什么野兽的爪印，但也可能是猛禽留下的。除了这些凌乱的爪印外，隐身的敌人什么也没留下——既没有羽毛，也没有兽毛。

"我好怕啊，"杰尼卡对公山雀说，"哎呀，我真是太害怕了！咱们赶紧离开这里吧，远远地逃开这恐怖的隐形凶手吧！"

它们飞到河边，那儿有一些带树洞的老杨树，它们在那儿可以找到栖身之所。

"你明白吗？"杰尼卡说，"这儿地方空旷，那个恐怖的凶手就算是来到这儿，也不会像在那片漆黑的林子里一样，直到它都偷偷摸摸溜到我们跟前了，才被发现。这回，就算是离得很远，我们也能发现它，就可以早早藏起来了。"

于是，它们决定就定居在这里了。

此时，秋天已经光临了小河边。爆竹柳叶早已枯黄落尽了，一片片野草变成了黄褐色伏在了地上。落了一场雪，又融化了。河水还在流，但是每天早晨，水面都会冻上一层薄冰。每经过一次严寒，冰就加厚一些。岸边再见不到鹬鸟了，只剩下一些野鸭。它们嘎嘎地叫着，说只要河不整个被冰封起来，它们就会留下来过冬。雪下了一场，又是一场，而且不再融化了。

两只小山雀还没过上几天安稳日子，忽然又出了一件很恐怖的事：河对岸生活着一群野鸭，可是昨天半夜里，一只睡在鸭群边缘的野鸭子，不知为什么忽然失踪不见了，谁也不知道它去了哪儿。

"是它干的事儿！"杰尼卡瑟瑟发抖地说，"是那个隐身怪物干的事儿。无论是在树林里，在田野里，或是在这河边上——到处都有它。"

"根本没有什么隐身的怪物，"公山雀说，"等一等，我要去找到它的踪迹。"

于是，它整天在老爆竹柳树顶的秃树枝间转来转去，从高处瞭望这个神秘的敌人。但是任何可疑的情况也没发现。

之后，就在这个月的最后一天，河水突然间停住不再流动。河面瞬间被冰层覆盖了起来，而且此后冰也没有再消融。

野鸭半夜就飞走了。

这时候，杰尼卡才说服公山雀离开河边，因为现在敌人们很容易就能沿着冰面走到它们身边来。再说杰尼卡正要到城里拜访老麻雀，顺便问问它下一个月份叫什么名字。

十二月

于是，两只小山雀展翅飞往城市。

可是没有谁能给它们一个答案，那个令人恐惧的隐形凶手到底是谁？这个问题连老麻雀都无法回答。那隐身的凶手，不管在白天还是在夜里，它都不停手，不管是老的还是小的，它都不放过！

"不过，在这里，你们就甭担心了！"老麻雀说，"无论它是哪种隐形凶手，要是有胆子跑到城里来，也准会被人们一枪打死的。你们干脆待在城里和我们共同生活吧。现在，一年的尾巴——十二月——已经开始了。冬天来了，无论是在田野里，在小河边，还是在树林里，都很可怕。无论到哪儿，都得挨饿。可是我们这些小鸟儿，在人那儿总是可以解决吃和住的问题的。"

对于老麻雀的提议，杰尼卡当然是开开心心地同意了，而且还努力地说服了公山雀。当然，最初公山雀非常不赞同，它还一个劲儿地逞能，大喊大叫着说：

"呸，呸，呸！我才不害怕呢！我还要把那个隐形凶手给找出来呢！"可杰尼卡对它讲：

"可问题并不在什么隐形凶手身上，你瞧，新的一年就快来了。暖和的阳光又要来临了，谁都会对它的到来非常开心的。可是在城市里，谁能来为它唱响第一曲春天之歌啊？麻雀们顶多会啾啾地叫，乌鸦们唯有呱呱地啼，寒鸦们更是只能呀呀地喊。

"去年的那个时候，就是我在这儿唱响第一曲春天之歌给太阳公公听的。这回，该轮到你唱给它听了。"

公山雀嚷道：

"的确！你说得对。这件事我会做。我的歌声又有劲，又洪亮，全城都可以听见。咱们就在城里住下吧！"

于是，它们开始在城市里给自己寻找一处巢穴。可是，这竟然不太容易。

城里和树林里不一样，在城里，就是在冬天，所有的树洞、白头翁房、人造鸟巢和甚至窗户外、屋檐下的一切隙缝，也都是住得满满的。杰尼卡去年冬天看见枞树的时候，是住在那个窗框外的麻雀窝里，而现在那里住着一窝小麻雀。

又是老麻雀帮了杰尼卡的忙。老麻雀对它说：

"你们不妨飞到那儿去吧。喏，你瞧，就是那栋带有红房顶和小花园的漂亮小房子。我曾经见过有个小姑娘，在那儿的一块大木头上用凿子凿出一个洞。我猜她大概就是在给你们山雀做一个漂亮的树洞状鸟巢吧？"

于是，公山雀和杰尼卡两口子立刻飞到那个带红屋顶的小房子跟前去了。它们在小花园里的树上，第一眼看见的是什么人呢？是那个差一点把公山雀射死的、可怕的大胡子猎人。

此时，猎人正一只手拿着一个树洞样子的鸟巢往树上装，另一只手拿着锤子和钉子。他低头朝下喊着：

"快看看，这样好了吗?"

玛妞娘在树下仰起头，用娇嫩的小声音答道：

"这样不错!"

于是，大胡子猎人就用锤子敲打钉子，把鸟巢牢固地钉在了树上，然后又爬到树下。

杰尼卡和公山雀赶紧飞上前去观察那个漂亮的鸟巢，在这之前，它们还从来没看见过比这还棒的小房子呢。玛妞娘在大木头上凿出了一个又大又深又舒适的树洞，甚至还贴心地在里面为它们铺上了柔软、温暖的羽毛、绒毛和兽毛呢。

这一个月不知不觉地过去了，没有谁来惊扰这一对山雀。玛妞娘每天早上给它们送食物来，放在特地钉在树枝上的一张小桌子上。

新年来到之前，这里又发生了个大事件，也是本年度最后一件大事：玛妞娘的父亲偶尔会去城外打猎，这一回他带回来的猎物是一只很少见的鸟，惹得所有的邻居都跑来围观。

这是一只很大，长着满身雪白羽毛的鸮（xiāo）鸟，那羽毛简直白得耀眼，猎人要是把它扔进雪堆，可能要花很大的力气才能发现它呢。

"这种鸟叫北极猫头鹰，是冬天生活在我们这一带的一种猛禽，它非常凶悍。"玛妞娘的父亲向邻居们介绍道，"它在白天和夜里看得一样清楚，无论是老鼠、鹧（zhè）鸪（gū）、地上的兔子，还是树上的灰鼠，谁也逃不出它的利爪。它飞起来，完全没有声音。当周围都是白雪的时候，多么不容易看见它——你们自己也知道了。"

当然，大胡子猎人的话，公山雀和杰尼卡一句也没听懂。但是他们俩都清楚地知道，猎人打死的是什么东西。

公山雀立刻大声喊起来："吓，吓，去！隐形凶手！"马上，在城里生活的小麻雀，都纷纷从屋顶上、院子里飞过来仔细看看这个凶狠的怪物。

那个晚上，玛妞娘家院子里有一棵枞树，小孩子们围着它喊呀、闹呀，两只小山雀一点也不会因此而生气的。因为它们已经明白了，这棵装饰着彩灯、雪花和各种玩具的枞树一出现，就代表着新的一年就要来了。不久之后，温暖的阳光会重新回到这里，还会带来许多新的欢声笑语给大家。

小鹊鸭和它的三个世界

1

怎么？你们不记得，自己是怎么来到这个世界上的吗？这可太奇怪了！我可是记得清清楚楚的！

睁开眼睛，周围一片漆黑，湿漉漉的。

我想跳起来，可是上面有什么东西挡着我。

"真没想到！"我想，"我竟然生在这么小的世界里——要蜷缩成一团才能容得下身。"

我很生气——"咚咚咚！"用嘴巴使劲敲着墙——"咚咚咚！"

于是，墙破了一个洞，接着整块掉下来了，从有棱角的窟窿中透进了让眼睛舒服的光线，不太亮，也不太刺眼。我高兴地"唧唧"起来，因为，是我自己迎来了拂晓。

突然，有个东西挡住了我，我很害怕，又钻回洞里，钻回自己小小的狭窄世界，蜷缩在那儿，全身都蜷缩起来，安静下来，就好像没出世时一样。

这时，一张嘴探进了洞里。呀！这张嘴简直令人赞叹，大大的，很光滑，唇边还有一层闪着黑光的突起，就像金盏草一样。总之，和我一模一样，只是比我大得多。

"妈妈！"我用尽全力大喊一声。我自己也不明白，怎么一下子就认出了它！还不由自主地冲向它，我那脆弱小世界的墙"轰隆"一下，倒塌了。我挺直身子站起来，头上还顶着壳，像戴着一顶帽子一样。原来，我是在蛋里出生的呀！我的妈妈是鸭子，而我是一只小鸭子。

"欢迎！"妈妈"嘎——嘎——嘎"地叫着，它的嗓音嘶哑，"你是我的头生儿。"

我不知不觉来到的这个世界，不是太大，又很暗。它被圆形的向外倾斜的墙圈着，地面上到处撒满了柔软的碎屑，成堆的羽毛和茸毛。羽毛上面放着十二只灰绿色的蛋，这些蛋和我刚刚爬出来的那颗是一样的。

妈妈一边用嘴把它们翻来翻去，一边说："嗯，还有一个，不要急，不要急，现在我就帮你。瞧，又出来一只，嗨！你好！"

还不到一个小时，所有的小弟弟和小妹妹都出生了。当我们还是雏鸟，还待在蛋壳里的时候，我们的嘴上都有一个硬结，叫做卵齿，用它捣毁蛋壳很方便。不过，等我们一从蛋壳里出来，就把它丢掉了。

我们出生的这个小世界，现在，对我们来说已经很狭窄了。我们搬到了另一个世界——也不是太宽敞，就是我们位于树里的巢穴。这里仍旧很暗，巢外面仍然围着圆形的墙，就像是一个管子一样，巢上面有一个小窗户，从那里，有几缕阳光洒了进来。

突然从窗子外传来了人类的声音。

"喂，格里沙，瞧！山杨树上有个洞。"

"是啊，"另一个声音回答道，"这个空树洞里，不是小枭（xiāo），就是猫头鹰。只可惜，太高了，得有十二米高。明天我们带上脚扣再来，看看是谁住在那儿。"

我们这些小鸭子，虽然不知道"脚扣"就是那种人用来爬上柱子和树干的铁具，却已经吓? 快要死了。但是，妈妈安慰我们说："人类说的是'明天'，都快爬到我的翅膀下，将自己的羽毛烘干、润滑。等明天天一亮，我们就搬到第三个地方，那里是十分宽敞的世界，人类捉不到我们，因为我们将生活在水上了。"

"什么是'水'呀?"我好奇地问。

"等你长大了，就会知道很多事情了，"妈妈说，"你现在就要快点长个，长得壮壮实实的。"

我不太明白，问妈妈："如果什么都不知道，一点智慧都没有，我怎么能变强壮呢?"

这个问题，让妈妈很难回答。

我们都钻到妈妈的翅膀下，它把我们大家抱在一起，努力地帮我们把羽毛烘干。奇怪的是，这一切安排得十分巧妙。在我们尾巴上方的背上，有一块柔软的凸起，用嘴一压，就会压出一些润滑羽毛的油脂。妈妈说："鸭子必须用油润滑羽毛，这样，才可以避免在那种神秘的——我们明天就将见到的'水'中浸湿。"

我们在妈妈的翅膀下过了一夜，天一亮，就醒了过来。妈妈沿着树洞向上爬去。它遮住了小窗户，瞬间，我们的世界又变得漆黑一片，突然，光线又从小窗中透了进来，可是，妈妈已经不和我们在一块儿了。

突然远远地传来了妈妈嘶哑的声音："孩子——孩子——们！"

我们大家唧唧叫着，向墙上扑着，往上爬去，我们用爪子抓住墙壁，用自己小小的、硬硬的小尾巴支撑身体。第一个爬上窗户的，当然是我。

天啊！我看见了什么呀！

绿色，绿色，绿色！周围一片绿色，在绿色之中，长着笔直的树干。我甚至不得不眯起双眼，因为，那些树叶在阳光下闪着耀眼的光芒。但我又睁开眼睛，向下看去。那里！远远的地上，站着我们的妈妈——鹊鸭，她正冲我们喊着："快过来，快过来！"

可是，我们还没有翅膀呀，这小小的翅膀尖能飞下去吗？我们会摔伤呀！

但是，两个兄弟已经爬到窗户上来了。我还没来得及弄明白，就被撞了下来。

我吓得唧唧大叫，从恐怖的高空翻着跟头摔下了深渊……

2

我的兄弟们把我从恐怖的高空撞了下来，我飞速地坠入深渊但没想到，竟然毫发无损——我撞到地面上，像小球一样弹了起来，又翻了个跟头，一看，竟站在地上。原来，鸭子的羽毛很密实，而我们的身体又很轻盈，因此，能从任何高度像小球一样落下来。

我的兄弟姐妹们也跟着我顺利地着陆了。

"嗯，都是好样的！"妈妈说，"现在跟我走吧。"

"这就是我们即将要生活的那个和平世界？"我问。

"傻孩子！这不是和平，最多只是休战。最危险的是巢穴与和平世界之间的这段地方。"

"破地方!"我唧唧地叫着，"太硬了，我的爪子都被弄疼了……"

"一个坏世界总好过善意的争吵!"妈妈教导我说。

我早就注意到，她经常喜欢使用人类的俗语，经常在不合时宜的情况下说出来。

"和谁也不要争吵，而是要注意自己的行为!"妈妈一边说，一边摇摆着向前走去，我们一个接一个地跟着它。当然，我是第一个。

我们的脚下全都是植物的根，我们的脚一会儿踏到苔藓上，一会儿踩到高高的草上。脚趾之间的嫩蹼被竖起的针叶和尖树枝扎得特别疼。妈妈走得并不快，可我们还是小跑着才能不被落下。一会儿绊住了，一会儿又摔倒了，急急忙忙地追着她。

突然，妈妈停下来，悄悄地对我们说：

"都藏起来，别出声!"她自己则躲到灌木丛后，我们也藏到杂草中。接着，我们听到了一阵金属碰撞的声音。

在森林里，走出两个人，他们一边走一边交谈，手上还拎着一只可怕的大铁爪。

"大概，树洞里有个巢，"一个人说道，"如果是蛋的话，我们就可以煎着吃，如果是小鸟，就把它们烤着吃。"

他们快步地向灌木丛深处走去，而那正好是我们刚刚路过的地方。

"去找吧!找吧!"妈妈一边嘎嘎地叫着，一边跳起身来。

我们又跟着她跑起来，不久，我们就走到洒满阳光的草地上，草地中间有块石头。一只绿色的、细长的小怪兽正在那儿晒着太阳。它看了我们一眼，就摇了摇尾巴，张开弯弯曲曲的爪子，溜进了石头底下。我害怕得不得了，但妈妈告诉我："这是蜥蜴，正在晒太阳呢，它怕我们。我们得注意那些没有腿的爬行动物，比如蛇，因为它们当中有些是有毒的。而这些长腿的，用不着害怕。"

可接着，突然从灌木丛后蹿出一只灰色的怪兽。很大，比妈妈要大得多，它竖着耳朵，可怕极了。我们都停下来了，简直不知道要去哪儿躲它。它挺直身体站了起来，晃荡着细细的前爪，一只眼睛斜视着我们。

"睡个好觉都不让！"它生气地像个孩子似的尖叫一声，然后又躺进自己的树丛里。

我们继续走，妈妈告诉我："那是只兔子，它们不吃鸭子。"

"它是兔宝宝吗？"我问妈妈，"它一片羽毛都没长呀，只长着绒毛。"

妈妈给我解释："在动物世界里，只有我们鸟类，才穿着羽毛做成的漂亮的、轻盈的连衣裙。别的动物则千奇百怪。有的像兔子，一辈子都长着绒毛，也有的像人类一样，给赤裸的身体穿点东西，另外还有其他样子的呢。"

在我们眼前的草丛中，飞起了一只黄色的鸟，只比妈妈大一点，小小的脑袋、尖尖的嘴、红色的眉毛。

"你好，琴鸡妹妹，"妈妈礼貌地打招呼，"瞧，这就是我孵出的小鸭，你看它们多可爱，圆圆的、毛茸茸的小家伙，还那么聪明，学走路学得多好。"

"啊哈，别逗了，"红眉琴鸡说，"还是看看我的小鸡崽儿吧，它们已经会跑了，你们这群小瘸子，算什么呀？"

这时，从地下一下子冒出九只黄色的红眉毛小琴鸡。它们一边唧唧唧地叫，一边蹬着细细的直腿跳了过来。

我非常讨厌琴鸡阿姨叫我们瘸子，于是，我照着一只小鸡的胸撞了上去。它跳开了，我却踩到自己的脚，嘴也撞到了地上。

所有黄色的小鸡向我们猛扑过来。它们跳着，一下一下地啄着我们，把我们全都推倒了。妈妈气得"嘎——嘎——嘎"地大叫，红眉琴鸡也怒气冲冲地咕咕着，乱了，全乱了，到处都是"嘎嘎"和"啾啾"的声音！

妈妈把我们从地上扶起来。

"你们不觉得羞愧吗？"妈妈一边骂着我们，一边领着我们走了。

我们确实感到羞愧，九只小琴鸡把我们十三只鸭子打败了，并且还追着我们喊："嘿嘿，瘸子们，矮子们，湿尾巴的家伙！"——全都是侮辱人的话。

这时候，周围的树木越来越稀疏，天也逐渐亮了起来，在我们的前面，出现了一个巨大的、异常美丽的世界，让我心潮澎湃。那片蓝蓝的世界就在断崖下面，与蔚蓝色、高高的天空交相辉映，就像一个巨大的天蓝色的蛋。

"这就是水，这就是湖，"妈妈说，"这就是我们即将生活的地方。"

她展开翅膀，在湖面上飞了一大圈后，在我们面前的水中落了下来，她抖了抖身上的水珠，高兴地对我们喊道："快跳到这儿来！"

于是，我们十三只小鸭子，勇敢地从高高的断崖上，一个跟头翻进了天蓝色的湖里，我当然还是第一个。我还没来得及体会，就一头扎进了这片柔软的、温暖的、让人心旷神怡的湖水中。在我周围，都是些啾啾地叫喊着的我的黑色的弟弟妹妹。

"小心呀！"突然，妈妈绝望地大喊起来，之后就消失得无影无踪了。一只目露凶光，长着贪婪的钩形嘴的大鸟向我们扑了过来。

我们这群无助的小鸭子该怎么办呢？在这平静开阔的水面上，哪里是我们的藏身之所呀……

3

恐怖的猛禽就在我们头上，而我们正毫无遮掩地浮在水面上——无处可逃。

可是您知道这时发生了什么吗？我们所有的小鸭子，都像我们的妈妈那样消失了。真是难以想象：我们可是第一次跳进湖里呀，甚至还不是很清楚，什么是水，却已经会利用它成功地摆脱危险了。

我们潜了下去。虽然，我们轻得像木塞一样，但水却不能把我们推出去。我们的脚蹼在水下滑动，就像鱼儿在水里游泳一样。

那只可怕的猛禽看不见我们，只好飞走了。一分钟后，等到我们全都浮出水面的时候，它已经不在这儿了。妈妈快速向茂密的蔗草丛中游去，我们紧紧地跟在她后面。游泳这项技术，我们根本不用学，和潜水一样，都是天生的本领。好了，现在我们终于来到了自己的故乡，在这里，你会感觉一切都是那么自由自在。

在肥硕的、光秃秃的，还带着小疙瘩的芦苇丛上方，生长着一片矮小的树林。远处，一条小河注入湖中，在小河对面，分布着许多小岛。小岛周围长满了一丛一丛的多叶芦苇和一些高大的褐色蒲草。由于它们的存在，我们林中的湖里生活着许多禽类家族：这些绿色的灌木丛对我们来说是最好的避难所。在蔗草、芦苇、蒲草上生长着蜻蜓的幼虫、肥水虫和其他一些昆虫，它们是我们的美味食品。现在，我们已经不太害怕那只在第一天恐吓我们的猛禽了。妈妈告诉我们，这种猛禽叫做褐鹞。这种褐色的大鸟，每天都会挥舞着长长的翅膀，在我们的蔗草上方盘旋三次，偷偷地观察着，是否有粗心大意的鸭子。有时候，就连成鸟它也不放过。只要被它发现，就"嗖"的一声扑过去，一把抓住。但如果你一直保持警惕，那就总能来得及摆脱它，要么潜入水中，要么藏在垂到水面上的柳枝下。除它之外，每天光临我们湖泊的，还有一些长着三角形尾巴的黑鹰，不过，它对被浪花推走的尸体——死鱼和死青蛙——更感兴趣。而那种浅色的、样子令人生畏的鱼鹰，却从来不会攻击我们，它只捕活鱼。其他所有绿丛中的居民，就都是我们的朋友了。

每天我们都结识新的家族，并且一起度过了快乐的时光。这时候，我们已经知道，我们是潜潜鸟，人们都叫我们鹊鸭，只是现在还没有长大，所以只能叫做鹊鸭宝宝。在我们旁边居住着红头潜鸟，和两只黑冠毛的雏鸟。我们很快都学会了自己猎食，所有的小虾、幼小的鱼和蜉蝣都是我们的目标，我们能潜到湖底追上它们。至于那些小潜鸟，大个的绿头鸭，它们是不会潜水的，只能把头伸进水下，喝点浑水，将水中的食物，用嘴过滤一下，咽下去。小潜鸟在那条小河和它对面的小岛上生活。

在岸上，常常有一群长嘴长腿的鹬（yù）跑来跑去，有时，还能看见沼泽鸡。这些沼泽鸡的孩子，样子像是圆圆的小球，行动起来非常敏捷。其实，沼泽鸡和陆地上野鸡——琴鸡、花尾榛鸡和沙鸡一样，并不是真正的鸡。我们再次与真正的森林鸡遭遇纯属偶然。

这时，我经常会和自己的弟弟妹妹们分开单独行动，而它们还要和妈妈一起游泳呢。有一次，我游到一个地方，那里森林与湖泊相接，我突然听到，好像有谁在叫我："你好啊！湿尾巴的家伙！"

原来，是那个在我未到湖泊之前，和我打架的红眉琴鸡。琴鸡妈妈竟然这么粗心，将自己的孩子们领到水边来了。

我没有立刻认出这个曾经欺负过我的家伙，它也长大了。甚至长出了两个小翅膀。它们已经能呼扇着翅膀，飞到灌木丛中低一点的树枝上了。让我奇怪的是，它竟然认出了我，要知道，我们所有的雏鸟，可不是按天长大呀，而是每个小时都在变化。我已经成为了小鹊鸭，当我们长出羽毛，拼尽全力试图从水面上飞起时，我们就已经叫做鹊鸭了，虽然我还没长到这个程度。

我还没有来得及回应红眉小琴鸡，它却已经走到断崖的边上了。在它脚下，沙子簌簌而下，小琴鸡绝望地拍打着翅膀，直坠下来。掉进我旁边的水里。总算能报复它一下了，小琴鸡在水里，要比我们鸭子在岸上更糟糕！可是，我们是鸟类，从来都不报复的。琴鸡妈妈从森林里跑出来，绝望地咕咕大叫，但它也不能挽救自己的孩子，要知道，成年的琴鸡也是不会游泳的呀！然而没有被油润滑过的小琴鸡的羽毛已经湿透了。风从岸上吹来，小琴鸡无助地张开了翅膀，被吹到了湖中央，在那里，死亡正等待着它。

可就在这时，我扑向了它——用嘴将它向岸边拖来，没过一会儿，它已经快到沙滩上了，它急忙跳了起来，向岸上跑去，"扑"地一下栽倒在地，一点力量都没有了。这时候，我当然可以向它喊一些令人难堪的话，比如"落汤鸡、落汤鸡"。可它已经那么倒霉了，我自然也就不忍心了。琴鸡妈妈喜极而泣，我也很高兴，帮着它逃脱灾难。

但这不是真正的灾难，至少很容易就躲过去了。在我遇到小琴鸡的三天后，我们的湖上才真正发生了一起闻所未闻的灾难。我很多活泼的同伴和弟弟妹妹都死掉了，只有少数幸免于难。

4

我答应过，要给你们讲那起湖上的大灾难，那就听我说吧！

人类常常窥视我们森林中的世界，他们大多都是些小孩子——小男孩和小姑娘。他们脱下衣服，跑到水里——通常是不长芦苇的地方，尖叫着互相泼水。他们没招惹我们，我们就把他们当作了好人。我从一只老鸭子那里得知，手里拿着枪的才是猎人。他们的手

里有一种巨雷和闪电，要是我们没有及时藏起来，他们就会向我们
射击。这只鸭子还对我讲，不久之前，来了两个年轻人，他们搜遍
了整个湖岸，捣毁了许多鸭巢。要知道，我们鹊鸭经常把巢建在森
林的树洞里，而其他鸭子都在地上筑巢，尽量离水近一些。正巧，
那时候所有的鹊鸭都在孵蛋，所以那两个人抢走了许多蛋。

我想，既然我们已经出壳了，又会游泳和潜水，那么现在，他
们也不能把我们怎么样了。

但是，有一天，在距离我们很远的湖的另一端，传来了狗叫
声。当时我一个人游泳，没有和妈妈在一起，也不明白，为什么那
些潜鸟会那样慌张。潜鸟是一种黑白色相间的水鸟，一些人把它们
当成是鸭子，实际上它们连我们的亲戚都算不上。不然，你就看看
它们那直直的尖尖的嘴巴，还有几乎从尾巴长出来的腿，就会相信
我说的了。它们没有蹼，却长着某种凸起的皮垫，它们以鱼为生。
在我们的大湖上一共就生活了一对潜鸟，它们有两只小潜鸟，也藏
在芦苇丛里。

当狗叫声刚刚传来的时候，两只潜鸟就将小潜鸟放到了背上，
和它们一起潜到水里。我们的鸭妈妈却不会这样，我们也从来没爬
到过它的背上。而潜鸟则带着自己的孩子潜入水中，和它们一起在
水下飞去它们想去的地方。对，对，就是飞，因为它们在水里也能
自由地挥动翅膀，就像在空中一样。

潜鸟带着自己的孩子，几乎潜到了湖中央。那时，我就应该想
到，聪明的鸟害怕留在岸边，可我一点反应都没有。这些年轻人就
是上次来的那两个，不同的是，这次他们还带了一只狗。小伙子在
岸边走，狗却刨着水，游到芦苇丛里，逮到了一只小鸭子，叼给主
人。当它接近我藏着的地方时，年轻人的背上已经有一整袋被狗咬
死的鸭子了。

我该怎么办呢？当狗跑近我时，我使用了最常用的逃生办

法——潜入水里。可是，那只可怕的狗好像在芦苇丛中嗅到了什么，开始一圈一圈地游。五分钟、十分钟过去了，它仍然不肯离开这个地方。两个年轻人走过来，大喊着鼓励丧家犬。于是，它又在这儿转了半个多小时，给主人叼出一只倒霉的沼泽鸡才算完事，要知道，这只沼泽鸡就藏在离我非常近的淤泥里呀。

"半个多小时！"亲爱的孩子们，你们一定会问，"咦，鹊鸭兄弟，你说的大概不是真的吧！从来没有哪只鸭子能在水下面待那么久呀！可是只要你一露出头来，喘口气，狗就会立刻把你咬住的。"

你们是对的，任何潜鸟在水下都不能坚持两分钟以上。但是猎人的话可不是白说的——"在灾难中，鸭子是小偷！"鸭子们总是能在敌人眼前把自己偷走。这个花招是妈妈教我的。你想知道我是怎么做的吗？我把身体置于水中，用嘴叼住一根芦苇，在水中伸出嘴巴，悄悄地用它呼吸。嗅觉再灵敏的狗也不能嗅到在水下的鸭嘴。

我终于幸免于难。当年轻人走后，妈妈飞来了，把我们召集到一块才发现，有一半的弟弟妹妹全都遇难了，我们难过极了。

可没过几天，我们又遭到了另外一次打击。这一次，离开我们的是妈妈。它出去之后，就再也没回来。我们想，它一定是死了，其他鸭子安慰我们说，所有的鸭妈妈都到褪毛——换羽毛——的时候了，它们会躲到湖中心，那里长着浓密的灌木丛。当它们翅膀上的羽毛脱落的时候，它们就不能飞了。

说实话，我们已经不是那么需要妈妈了。它倾其所有教会了我们生存技能。我们熟悉了湖中的生活之后，就开始独立地生活。我们已经长大了，也就是说，可以张开翅膀，会飞了。

在这之前，还发生了一件重大事件，公鸭——我们的爸爸，回来了。在夏天开始的时候，母鸭开始孵蛋，而公鸭则成群结队地飞向遥远的海边褪毛。褪完毛后，就回到我们这里，领导我们这群年轻的鸭子进行第一次湖面飞行。

这时，我才知道，我们出生长大的这三个世界，其实是一个小小的儿童世界：蛋、巢和妈妈教会我们智慧的森林湖。

现在，我们已经长出了强壮的翅膀，我们面前的世界更加宽广而神秘。和那些常年都生活在一个地方的森林鸡比起来，这个世界在我们鸭子的眼中会更大一些。因为，我们是候鸟。当河里和湖里的水开始结冰的时候，我们就成群结队地准备奔赴遥远的旅途。我们能看更多的国家，我们会到达更遥远的地方，在那里，冬天仍然阳光明媚，水永远不结冰。

在这样广阔的世界里翱翔，是多么幸福呀！

实　验

对于费宁姑妈的猫宝宝们来说，母猫玛什卡永远是个好妈妈。小猫一生下来，玛什卡就用自己的乳汁喂养它们，当它们长大一些时，它就从野外捉来老鼠或者小鸟给它们吃，甚至还不止一次地抓来邻居家的小鸡崽，简直就是"强盗"！它可没少给费宁姑妈惹麻烦！

可现在，玛什卡已经一年多没生小猫了，费宁姑妈说，它再也不会有小猫了——玛什卡已经老了。

的确，玛什卡越来越喜欢躺在炉子边或者台阶上晒太阳。瞧！现在它又在睡觉。

费宁姑妈的小孙女纳特卡来这儿过暑假，她是一个少年自然科学家，刚一到就说："我要几只从养鸡场孵化的小鸡。我们少年自然科学研究小组嘱咐我，要是到了集体农庄，一定要养几只小鸡。"

费宁姑妈说："难道能在我们的'强盗'玛什卡跟前养小鸡吗？它会把它们都吃掉的。"

但是纳特卡说："哎，您不知道，我们要做个实验，我们小组经常做实验，这就是一个实验而已。"

因为非常喜欢"实验"这个词，所以费宁姑妈甚至没等孙女把话说完，就马上改变自己的说话方式，开始用上这个词了。

"嗯，既然是'实验'，那好吧，我现在就给你弄小鸡去。"

费宁姑妈去养鸡场买了几只小鸡，它们是那么小，刚刚从壳里孵出来。姑妈将它们从竹篮里拎出来，放到院子里，而纳特卡站在台阶上拿着树枝盯着玛什卡，防止它扑过来。

玛什卡装作熟睡的样子，但其实是一只眼睛眯缝着，偷偷地盯着小鸡仔细看。院子中间摆着玛什卡的小食盆，小鸡们争先恐后地飞奔过去，把猫食盆都碰倒了，它们的小嘴不住地啄着地上的谷子——"啾啾——啾啾"。这一切都被玛什卡看在眼里，可它却没有扑过去。

"'实验'成功啦！"费宁姑妈惊讶地说，"要不然，就是玛什卡正饱着呢。"

小鸡们一边啄着谷粒，一边"唧唧喳喳"地叫着，好像在院子里寻找着什么。

"它们是在找妈妈呢，"费宁姑妈说，"小鸡崽冷了，又无家可归，想找靠山呢。"

这时，一只小鸡看到了台阶上的玛什卡，就突然向它跑去！其余的小鸡也跟着跑了过来。

费宁姑妈和纳特卡还没反应过来，小鸡们就已经围上了玛什卡：三只往它的爪子下钻，一只躲到尾巴下，还有两只跳上了它的背。玛什卡睁开了眼睛，抬起一只腿，脚爪张开，又合上，眼睛又眯缝起来，好像什么也没看见、什么也没感觉到一样。

其实，它感觉到了。它感到小鸡们是那样信任它，伏在它身旁，让它那衰老的身体变得暖乎乎的。

淡黄色的小鸡们舒适地趴在母猫的黑毛下，闭上了眼睛，安静地睡着了，它们找到了自己的妈妈。而意外地当了妈妈的老猫呢，它吐了吐红色的舌头，怡然自得地打了个哈欠，又睡了。

从这天起，玛什卡收养了小鸡们——把它们当成了自己的孩子。甚至在所有的小鸡都吃饱之前，它都不接近自己的食盆。

有一天，意外发生了。

姑妈费宁和纳特卡在厨房里一边烙油煎饼，一边透过窗子看着院子里已经长大的小鸡们。而这些小家伙在院子里到处跑着，寻找谷粒和食物碎渣。

突然地面上出现了一个黑影！一只老鹰从天上直冲下来，抓起了一只小鸡，缓慢地挥着翅膀，想要飞上天去。但就在这时，从台阶上猛地扑过来一只黑猫，奋力向老鹰扑去。这一切发生得那样突然，以至于姑妈费宁和纳特卡连喊都来不及。

黑色的茸毛在空中飞舞，两根长长的羽毛在栅栏上空缓缓坠落。黑猫重重地摔在院子里，小鸡们扑扇着翅膀，向妈妈跑了过去。而老鹰呢，惊恐地扑扇着受伤的翅膀，消失在小木屋后面了。

后来，老鹰再也不敢攻击费宁姑妈家的小鸡了，只要一看见玛什卡，它就会飞得远远的。秋天到了，纳特卡已经有六只小鸡了。费宁姑妈逢人便说："我们的实验多成功呀！我们的老猫玛什卡是一位多好的鸡妈妈呀！"

喜鹊卡丽娅的故事

卡丽娅是我从男孩们手里抢过来的，他们总是折磨它。后来，我把它喂大了。它很活泼，整天都"啾——啾——"地叫个不停，尤其是孩子们过来的时候。我开始教它写字——我故意当着它的面，拿起笔，把笔尖伸进墨水瓶里。于是，它也将自己的嘴伸了进去，然后在纸上乱涂乱画，蹭着自己的嘴巴。最后，整张纸都变得乌迹斑斑。卡丽娅叼着"信"，在屋子里乱转，展示给大家看，似乎在说:"瞧,我多有文化呀!"

它和快活的小狗涅尔卡组成了足球队。

涅尔卡用爪子掷球,而卡丽娅用嘴巴。它们俩都想追上并抓住球,即便球总是滑落,它们仍玩得兴致勃勃。

晚上它"唧——唧——唧——"叫得人心烦。已经该睡觉了,它还是不停地跳呀、闹呀。每天我都要反复对它强调:"嘘!安静点,别吵?大家睡觉了,你也睡吧,睡吧!"

突然有一天晚上,它自言自语道:"大家睡觉了,睡觉了。"说得那样清晰,只是发音有点像"岁交"。如果大家不理它,它就会非常生气,大喊起来:"安静点,别吵!"

然后又喊:"'岁交',大家都'岁交'!"

巴夏耶奇卡和特拉斯多克

我们曾经有一只小猫,叫巴夏耶奇卡,它知道自己的名字。而最主要的是,它是那么聪明,未经许可,从来不碰任何东西。

那时,我们还住在集体农场。

突然一天夜里,我听到了挥动翅膀的声音。我站起来,拉开窗帘,看到巴夏耶奇卡蹲在窗台上,嘴里叼着一只小鸡。我狠狠地揍了它一顿。小鸡被我成功地养大了,我们都叫它特拉斯多克。

特拉斯多克很快就和我们混熟了,一点都不怕我们。它喜欢在屋子里蹦蹦跳跳,有时也跳到窗台上面捉苍蝇。大家都对我说:"你要是一走,巴夏耶奇卡会把你的小鸡吃掉的。"我指着小猫,严肃地警告它,不许招惹特拉斯多克。

一次,我有件要紧事,必须得出去一趟。我把房间上了锁。回来的时候,我一开锁,既没看见小猫,也没有看见特拉斯多克。我的心都要跳出来了……突然,我看见在厨架上躺着的巴夏耶奇卡,它蜷成一团,就像一个鸟巢一样,而特拉斯多克正在"巢里"

站着呢。

从那天起，它们的友谊开始了，它们总是睡在一起。要是特拉斯多克很久不走动，巴夏耶奇卡就会跳到它身后，用爪子推它。

当特拉斯多克跳到小猫身上的时候，小猫就会伸开四肢，让特拉斯多克啄它的毛。小猫非常喜欢这样，每当这时，它都会舒服地打起呼噜……现在我反而为巴夏耶奇卡担心了，生怕小鸡啄到它的眼睛。

有一天，我们正要去看日场的电影，邻居拿着一个小鱼缸来到我这里——里面有几条活蹦乱跳的小鲫鱼。

"多谢！"我一边道谢，一边把鱼缸放到厨房的桌子上，盖上了亚麻布。

邻居生气了："这些小鱼儿是给你的，不是给猫的！"

而尤拉——我的小儿子回答道："您说什么呢？巴夏耶奇卡可忠诚了，未经许可，它是不会动它们的。"

邻居和尤拉打赌，赌注是一块巧克力，他认为，猫肯定不会放过小鱼。

从电影院回来后，我叫上了邻居，当着他的面，打开了门，走进厨房。结果大吃一惊：桌子上就只剩下空鱼缸了。

"嗯，瞧！"邻居说，"这就是相信猫的后果！"而尤拉的眼里流出了泪水。

突然，我们听到了"簌簌"的声音，并看到：一条猫尾巴从桌下翘了出来。我们掀开桌布，只见一群小鱼平躺在地上，而巴夏耶奇卡和特拉斯多克就蹲在旁边。小鱼儿颤动着身体，巴夏耶奇卡伸缩着爪子，特拉斯多克则低着小嘴，它们俩坐在那里保护着小鱼，防止它们偷偷逃掉。

邻居很高兴，送给尤拉一大盒巧克力，还说，以后再也不打赌了。

瞧！我们的巴夏耶奇卡和特拉斯多克多么忠诚啊！

瞎松鼠

春天，爸爸给我抓了一只小松鼠。那时，它正在大松树下玩耍，旁边就是它的家。或许，是松鼠妈妈搬家时把它落下了？我不知道。

刚带它回来时，我和爸爸甚至没有发现，它是一只瞎松鼠。就算我们看见了，也会认为它是健康的。要知道，所有的松鼠一生下来都是瞎的。我们用奶嘴喂它，刚开始，它不叼奶嘴，我们只好用手指喂它。我们把手指蘸点牛奶，让它舔。后来，我们给瓶子套上奶嘴，它才习惯起来。

它一点点长大，可是，眼睛始终没有睁开。后来，好不容易睁开了，我们却发现那双眼睛竟然是白色的——瞎的。我们不知道该怎么办才好。

它是那样的活泼、温柔，听声音就能认出我和爸爸。只要我们一进屋，它就会一下子跳到我们的肩膀上。有时候，它还钻进爸爸的衣服兜里，看看里面有没有好吃的东西。

小松鼠虽然是瞎的，却能很自如地在屋子里找到它喜欢的松子和坚果——它用爪子牢牢地捧着，牙齿快速地咬着，吃完三个坚果后，就会把第四个储藏起来。可是，像它这样藏能行吗？它把松果放到地板和墙之间的角落里，认为这样，就已经藏好了。它眼睛看不见，所以，就认为大家也都看不见。它不知道，它放的地方，恰恰是所有人都能看到的地方。

虽然眼睛看不见，它却能在屋子里跑来跑去，什么也不会撞到。从椅子到床的靠背，从床上到柜子，它都能灵敏地跳过去。没有一次撞上或者碰落什么东西，多好的杂技演员啊！

可是？如果那儿的桌子或者别的东西挪了地方，它再跳过去时，就会听到"啪"的一声……

既然是瞎的，当然是什么都看不见了。所以移动东西的时候，就应该让它听见。这样，它就明白了，不会再往原来的空地上跳了。

耳朵也能了解世界，它有了耳朵，就像长着眼睛一样。

可爱的兔子

以前，我一点也不了解兔子的生活。只是听说，它们跑得很快，胆子小，吃大白菜。

后来，在我们退休所养了三只小兔子，我这才发现，原来，兔子竟然这么可爱。一大早，它们就开始乱蹦乱跳。做完"晨练"之后，它们就想吃早餐了。它们在角落里东张西望，寻找食物，有时候，还用后腿站起来，用嘴去碰食盆。

小兔子们对我们十分依恋。看得出来，它们很喜欢我们的关心。

可是有一天，我们一时没注意，这些小兔宝宝就成群结队地跑进了森林。我们都很难过，四处寻找，可它们还是丢了，我们的兔宝宝丢了！

不过，我们都是瞎操心。天黑的时候，所有的小兔子一个不少地回到了家里。原来呀，我们的小兔子是完全值得信赖的，它们已经习惯"纪律"了。

我爱上了小兔子。现在我知道，它们是多么有趣了！

补丁

你好！

丹妮坐在台阶上张望着，太阳悄悄地落下，渐渐地消失在结冰的湖面上。

突然，学校里的一位老师走了过来，在他前面还跑着一只陌生的小狗。

它从哪儿来的啊？丹妮从来没有见过这样的小狗，个子不高，耳朵垂在地上，没有尾巴，全身都是白色的，只是背上有些黑点儿，一只眼睛也是黑色的，好像一块补丁。

狗狗看到丹妮，就跑上台阶，跑到她的身旁，坐到了她对面，递上一只爪子，好像在说："你好啊！"

老师走过来，笑着说："你找什么呢？认出主人了？小丹妮，现在这是你的狗狗啦！我从列宁格勒（现在的圣彼得堡）你舅舅彼得那儿把它带来的，西班牙品种，这是给你妈妈的信。"

妈妈走出来，和老师打过招呼，就读起信来。

"亲爱的姐姐，"舅舅写道，"我的狗送到你那儿了。不要生气，我在城里实在是没有办法养它。你知道我住在六楼，整天都要在工厂里，没有人能带它出去散步。而这只狗实在是太讨人喜欢了，还是纯种狗，很灵巧。这样，你的丹妮也有伴了，它已经学会各种各样的本领了，夏天我会过来和它一起打猎。我决定做一个猎人，这只狗就是我买来打猎用的。你看，猎枪我都买好啦！而野味呢，全都给你！"

"最后怎么样还不知道呢，"妈妈笑着说，"还说野味都给我，怪人！"妈妈看了看小狗，两手轻轻一拍说道："亲爱的，好一个没有尾巴的丑八怪呀！"

村子里的孩子都跑过来，哈哈大笑："补丁！补丁！补丁！"

而邻居的格里卡和托里卡总是戏弄丹妮和狗狗：

"丹妮丹妮大笨蛋，

无尾狗狗身边转，

看那耳朵和尾巴，

还有一只补丁眼。"

丹妮很心疼自己的小狗。

鞋　子

早晨丹妮很早就起床，准备去上学了。可是一只鞋子怎么也找不到了，昨晚把它放到哪里去了呢？怎么也想不起来了。

"补丁！小补丁！找鞋子去，明白吗？去找吧？"

小补丁一只耳朵扬起，一只耳朵垂下，好像在思考什么似的。

"它明白了！明白了！"丹妮高兴地说，"看，妈妈，补丁马上就会把鞋子拖来给我的！"

是这样的，补丁的爪子下面拖着……什么呢？原来是一只旧靴筒！

"噢，小糊涂虫，"丹妮有些生气地说道，"鞋子，我说的是鞋子，不是靴筒，明白吗？鞋子！去找！快去找！"

没有尾巴的小补丁跑进屋去，没过几分钟，它就从贮藏室里把什么拖了出来……一只好大的死老鼠摆在丹妮面前。

"呸！好脏啊！"丹妮差点哭了出来，"难道我要给老鼠穿上鞋吗？没良心的！"

这时妈妈说道："你为什么要责怪狗呢？这是没有用的！它从哪里知道鞋子是什么呢？它在城里没听过这个词，你给它看你的另一只鞋子，让它好好闻一闻。这样它就明白了。狗多数是用鼻子来识别事物的。"

丹妮让补丁闻了闻鞋子，它立刻就明白了，于是从床下拖出了另一只鞋。

"这才是聪明的狗狗。"丹妮高兴地说着，急忙穿上鞋，跑去上学了。

潜水高手

春天来了，湖面上的冰融化了，湖水泛着蓝色的光。

这是丹妮和补丁第一次去湖边。

狗狗跑了几步，"扑通"一声跳进水里。

丹妮喊道："疯了吗，你去哪儿？"湖中溅起了水花，"你会得肺炎的！"

补丁在水中又跑又跳，游来游去。

邻居家的孩子科里和托里来了。科里俯身拿起一块石头，喊道：

"接着，补丁，接住！"

他抡起胳膊将石头抛进湖里！石头"咕咚"一声落入水中，泛起一圈水纹。

而补丁像个潜鸟，从眼前消失了。

丹妮喊了一声："我的狗狗溺水了！"

补丁没有沉下去，它从水底把石头叼了上来，浮出水面，"呼哧呼哧"地喘着、游着。上岸把战利品交给丹妮，可是补丁的嘴上都是血，因为碰到了坚硬的石头。男孩们笑着说：

"哎，小狗，潜水高手，真正的潜水员啊！"

丹妮对这些淘气男孩儿的做法感到很生气，就带着补丁回家了。

打　猎

夏末的时候，彼得舅舅来度假。

"西班牙纯种狗怎么样？"他问道，"你们喜欢吗？"

"非常不错！"妈妈和丹妮异口同声地说，"真是一只聪明的狗！"

"神奇的还在后面呢，明天我们带着它去湖边打猎，这个品种正是猎鸭子的，我还买了一个双筒猎枪呢！"

一大早老师就来了，彼得舅舅打算和他一起去打猎，他们还带上了丹妮，她可以帮忙拿猎物。

他们朝湖岸边走去，补丁跑在最前面，后面跟着彼得舅舅和他的双筒猎枪，再后面跟着老师和他的单筒猎枪，最后面的是丹妮。

突然，"唰"的一声，从芦苇丛中飞出一只鸭子。

彼得舅舅"嘣"、"嘣"两枪，老师"嘣"一枪，而鸭子呢，自己藏到森林里去了。

彼得舅舅眼看着它飞走了，挠了挠后脑勺说：

"这是只小潜鸟，太小了，像疯了似的，打中它根本不可能。"

枪响后补丁立刻就跑进芦苇丛中，游到那里发现打中的鸭子不见了，就又来到猎人们这儿。

他们装好子弹继续走，这次老师在前面。

芦苇丛中飞出一只大野鸭，绿头鸭！

老师"嘣"的一枪，彼得舅舅"嘣"、"嘣"两枪。

鸭子只是加速飞走，从眼前消失了。

"咳——咳！"老师咳嗽了几下。

彼得舅舅沉默了，而这一次补丁都没有跑去芦苇丛。装上子弹，他们继续走着。

无论从芦苇丛中飞出多少只鸭子，无论老师和彼得舅舅开多少枪，鸟儿们总是能毫发不伤地飞走。每一次他们都寻找打不中的原因，丹妮就在后面笑，她高兴鸭子安然无恙地逃离枪口。

最后猎人们累了，坐下休息了一会儿。

丹妮去了一旁，选了一块远离岸边的芦苇丛开始洗澡。补丁和她在一起游戏，又游到芦苇丛中。

丹妮刚从水中出来，穿好衣服，补丁就从芦苇丛中游出来，嘴里叼着……一只鸭子，放在了丹妮面前。

丹妮看了看，鸭子还活着！好大的鸭子啊，可是翅膀受伤了，不能再飞了。这是补丁在芦苇丛中抓到的。

丹妮叫来了彼得舅舅，这时补丁又拖来了第二只受伤的鸭子。

当猎人惊讶于这突如其来的收获时，补丁已经拖出六只鸭子了，整整一窝。

"噢，狗让我们感到无地自容啊！"彼得舅舅说，"我们打呀打，午餐却连一只鸭子也没有，补丁去游泳，就带来了六只鸭子做午饭。还没有开枪，这才是真正的猎手！"

丹妮问道："哪里有午饭？我不让你们杀死这些受伤的鸭子！这都是我的鸭子，是补丁带给我的，我要让它们好好活着！"

猎人们看着，束手无策。丹妮有权利这样做啊，这是她的鸭子。他们把鸭子全都放到口袋里，拖回家。村里的人都嘲笑这两个猎人："你们的枪声，据说对鸟儿不管用啊！"

猎人们也自嘲："看来我们不适合打猎啊，我们决定把猎枪卖掉，让补丁自己去打猎吧，它更适合做这个。"

而丹妮养大了这六只鸭子。

秋天，当野鸭都准备飞走的时候，它们不得不在鸡笼里过冬，因为它们的翅膀折断了。丹妮会喂它们足够吃的，它们也喜欢缠着这个善良的女孩儿。远远地听到她的声音："呱"、"呱"、"呱"，它们六个就一瘸一拐地向她跑去，一个跟一个的，好像排队似的。

在森林里同学们都在为和谐的节日作准备，用绿色的树枝装饰班级，所以直到黄昏才回家。

家住在学校附近的人当然没什么了，可是丹妮和邻居科里、托里要走三公里才能回家呢。要经过森林和田野，而林中那段路很黑很黑，还下着雨。

男孩子们说："我们最好还是别走了，等一等吧，现在看不见路，我害怕。"

而丹妮呢，真勇敢！当她和补丁在一起的时候就什么也不怕了。补丁对丹妮也是寸步不离，每天跟着丹妮去上学。丹妮上课的时候，补丁就在院子里玩。

丹妮对他们说："你们真是胆小鬼，我的补丁在咱们前面走，让它给我们引路。它是不会迷路的，因为它用鼻子看路。"

丹妮最终说服了男孩子们。

他们走进了森林，周围完全是黑的，也看不到路在哪儿。补丁走在他们前面，孩子们能看到补丁，它白色的背在黑暗中时隐时现。

孩子们就这样走着，走着。黑暗中也不知道路是什么样的，只是啪嗒啪嗒地走着。突然下起了雪，这是今年的第一场雪啊，鹅毛般的大雪覆盖了周围的一切。

突然补丁向什么方向跑开了，的确，一只兔子跑到了路上，补丁去追赶兔子了。

孩子们又向前走了一段，感觉脚下的地很松软。又走了一小段，竟走到了灌木丛中。路完全消失了……

孩子们继续向前走，可是觉得像是刚才走过的路。没有路了：向右走，没有路了；向左走，走啊，走啊，森林好像变窄了，上面的树依然看得清清楚楚，可是路却找不到。

孩子们停了下来，明白了——他们迷路了。

孩子们开始号啕大哭起来！

丹妮心里最难过了，因为是她说服男孩子们不要等马车，自己回家的。现在即使有人跟在他们后面，也找不到了，因为他们已经偏离了原来的位置，而这是丹妮一个人的责任。

脚 步

丹妮让孩子们坐在一棵云杉树下，即使是在黑暗中也能分辨出这是云杉，生长得很粗壮。

而科里和托里哭着说："我们完了，我们要被冻死了，熊啊、狼啊会把我们吃掉的。"

"嘘，别这么说，哪儿来的熊和狼啊，这儿一百年都没有了。"丹妮说。

她此时又想起昨天妈妈说，森林的湖边出现了一只熊，咬死了一头小母牛。它离这儿会不会很远呢？想到这儿，自己不禁感到很害怕！想要叫补丁，可还是止住了声音，万一听到她的叫声的不是补丁，而是熊呢……

孩子们沉默了，只是抽噎着。在一片寂静中只能听到雪像绒毛似的落在地上和树枝上的声音。

突然丹妮听到了远处传来的声音……近了，近了，好像拄着拐杖的妖婆走来了。

男孩子们抽噎着，什么也没有听到，可丹妮的心快要被吓出来了。要是补丁在这儿就好了，它能用鼻子分辨出这究竟是什么。

寻　找

与此同时，村子里的人已经开始寻找丹妮他们了，天色已晚，又下着雪，可孩子们还没有从学校里回来。

村民们赶忙套上马车，丹妮的妈妈也去了学校，孩子们应该还在那里吧！

走进森林，马掌踏在地上咚咚作响，在黑暗中可以看到，路已经被雪覆盖了。

他们很快就到了，可是学校已经关门了，守门人说：丹妮和两个男孩子在傍晚就已经回家了。

"他们一定是迷路了，在森林里乱走呢，他们会被冻死的。"妈妈心想。

于是，她赶马向前走，去森林！

补 丁

丹妮听着远处传来的声音，她都快要被吓死了。

但是妖婆的拐杖和走路的声音近了，突然又远去了，一切又恢复了寂静。丹妮这才从恐惧中醒过神来。

突然，不知什么冰凉的、湿润的东西碰到了丹妮的手：狗鼻子！

"补丁！小补丁！"丹妮小声说着，"我的狗狗。"刹那间，丹妮所有的勇气都回来了。

"孩子们，我们走吧，补丁一定会带我们出去的。"丹妮高兴地对两个男孩子说。

的确如此，不一会儿，他们就穿过了稀疏的森林，走到了田地里，这里要明亮很多，况且雪已经停了。补丁跑在前面，背上的黑色的"补丁"在白茫茫的田野上很容易就能看到。

径直穿过田地，补丁和孩子们就到了自己的家。鸭子们听到丹妮的声音，就在鸡舍里"嘎"、"嘎"地叫了起来。突然街角响起了不知道是什么的声音，听起来好像是妖婆的拐杖和脚步声。

"吁！"妈妈停住了马，喊道，"你怎么样啊？丹妮？"

"我……我和朋友们在一起，是补丁带我们回来的。"

孩子们知道这一切以后，立刻对补丁肃然起敬。就是这只个子不高、耳朵及地、通体雪白、尾巴被剪断、眼睛两侧长着一些黑色补丁的小狗，救了自己的主人。

力不抵志

那些善于鸣叫的小鸟真叫人惊奇，自从它们来到这个世上的第一天就叫个不停。

它们的力量很小，身子轻如羽毛，就那么几根骨头支撑着，翅膀拍打着，仿佛在告诉你，那可是一个顽强的小生命。

大雁——不管是隼（sǔn）还是鹰，穿行于大地，它们力大无比。这种力量是与生俱来的。

夜莺生活得也不错，它们生活在小桦树林、灌木丛中。在那里，它们可以躲避鹰的追捕，有时也会藏在密林中。

再来看看百灵鸟吧。

当田野里无藏身之处时，它会躲到哪里避开它的天敌呢？

青草茂密，树木林立时，人要想捉住它可不是件容易的事。而这会儿你去地里的话就会发现，收割机已经将庄稼清扫一空。就连田间的老鼠都无处可藏。百灵鸟就在你的前方，用我们的叫法就是：田间人。

我非常喜欢这种小鸟，尽管它的叫声很单调。它们一到春天就活蹦乱跳起来，当大地仍是冰封之时，它这个务农人已经在冰雪刚刚融化的地方开始了劳作，银铃般的歌声在高空中回响。

我沿着田间小路走着，而它飞在我的前面，飞一段就停下，我走到它跟前，它就接着往前飞。

它向高处飞走了，翅膀轻轻拍动着，你听，天空中又响起了它那美妙的歌声。

可现如今，它为何不歌唱了呢？你瞧，这天儿多好啊！空气中没有任何尘埃，太阳照得暖洋洋的，尘土都自觉地被我踩在了脚下，它仿佛感受到了现在是春天，在树根下比较暖和。

百灵鸟真的唱起来了。

歌声传到我的耳朵里，我顺着百灵鸟歌声传来的方向走去。

在远处我看到了百灵的天敌——一只长有灰色翅膀的白颈鹰。我冲百灵鸟喊道："快飞！"

它好像能听懂人话似的。显然，它也看到了自己的敌人，但为时已晚，谁能在空旷的田野上逃过苍鹰的追捕呢？

我的百灵从高处飞落下来，它落在了路上、车道上，可翅膀还在扇动着，小腿乱蹬着，就像刚出生的小雏鸟一样。

真是勇士，我想到，面对劲敌竟表现得如此从容。

而百灵不知何时消失了，消失得无影无踪。

来不及多想，苍鹰已经来到了这里。它朝冰层下面张望，在刚刚百灵待过的地方，疾驰而来又飞快地飞上云霄。

它的爪子是否抓到了什么东西，我根本就没来得及看。

我走到百灵鸟停过的那个地方，仔细观察地上的冰，冰上好像有洞，百灵鸟也许就藏在了冰洞里。可是，我趴在地上看了半天，也没看到百灵鸟可能的藏身之处，我恨不能钻到地底下去看个究竟。我站了起来，仍然注视着刚才趴过的冰面。

突然，我感觉地下好像有只眼睛在注视着我。

只有一只眼睛，却没有百灵鸟。

我蹲下身子，想看清楚。

这时百灵鸟突然一跃而起，抖掉自己身上的尘土，那尘土就像片片云朵一样，从它身上脱离后，升到空中，然后又静静地落回到了地面。

我不禁有些吃惊，多么沉着机灵的小精灵啊！在强悍的劲敌面前，眨眼之间就消失得无影无踪。

而那只可怜的苍鹰这会儿可能在哪儿追燕子吧？

燕子，我想，它也追不上。

让我们想想吧：论力气，鹰要比百灵大得多；论速度，鹰也可以说是所有飞禽中飞翔能力最强的了。可并非任何鸟它都能捕获，正如我亲眼所见的那样。

那种白颈鹰，以前我也见过，就在我们农村，经常有鹰啄鸟的事发生。这种鹰——白颈燕隼，是？种红脚隼，你很容易就能把它和其他隼区分开来：翅膀长而窄，形状像镰刀一样。

白颈鹰会打乱鸟的队伍，攻击其中的一只鸟。

燕子飞行时一般不走直线。鹰也非常机灵，丝毫不比燕子傻。

我们农庄的仓房已经有五年了，是青砖盖成的，外形高而圆。

每次燕子飞到这里，都会在仓库入口盘旋。

当被苍鹰追赶时，当然，这里并无它们的藏身之处。

它们可以在仓库附近找到些许吃的东西，因为它们的翅膀很短，几乎可以钻进研磨机中。

而苍鹰不能，因为它们的翅膀很长。

苍鹰必须绕仓库转上一大圈？而燕子则不然，它能很快地绕仓库飞上一小圈。

在绕行第二圈时，它已经远远地将鹰甩在了身后，自己则钻到了粮仓的后面。

那什么时候苍鹰能捕捉住燕子呢？

它真的抓不到燕子了。

这就是力不抵志的道理。

这里我还想说说另外一种动物——麻雀的逃生之道。

这件事发生在我的小花园里。

我家后花园生活着一窝小麻雀，隼在门外的纵树上藏了起来，目不转睛地盯着麻雀家的动静。

隼毕竟还不是鹰，鹰比隼要大很多。而隼像狼一样猎捕食物，往往是夏季出行捕捉鸟类；鹰与隼对比起来更像猫，在？近埋伏起来以待可乘之机。对于鹰来说，不管食物藏在哪里，它都能捉到，因为它有着长长的腿、锋利的爪。

隼在树上等着时机的到来，街上没人了，看不到我了，因为我坐回了屋里，躲在窗子的后面。它抓住时机，来到了我屋子的后面，想给麻雀们一个突然袭击。

麻雀们像爆豆似的四下跑开。

只有一只没有来得及逃跑。

隼赶快向其扑去，想用爪子抓住这只猎物。

哪知这只小麻雀可不傻，它迅速地躲到了篱笆后面。因为它身子小，所以刚好从隼的爪间逃脱掉了。

隼身体庞大，它那对大翅膀根本无法穿过栅栏。

它向上飞起，朝我的花园飞去。

而麻雀穿过了篱笆条跑到了街上。

隼越过篱笆紧跟其后。

但它还是慢了一步，麻雀很快又回到了我的篱笆园里。

这时街上已经到处是人。

隼不得不停止它的追捕，无功而返了。

麻雀们将它送走了，尽管被它追了一天，但终究没有被它抓住。

水 鸟

水鸟也有自己独特的捉迷藏的本领。

不管是麻秸、芦苇生长的水边，还是枝繁叶茂、杂草丛生的森林里，都有它们的身影。你在独木舟上，它们远远地就能看见你。

在清水边，鸟儿在猎人的枪口下死里逃生，并不是什么新鲜事。

在水鸟中，潜逃能手大有人在。

我们这儿的湖里就生活着一种水鸟，它是一种稀有的潜鸟，十分机警。

它们刚出壳就会游泳。

你要是想把它们赶到船上的话，那简直是痴心妄想，不等你靠近，它们就会将头往水里一扎，一眨眼的工夫便消失得无影无踪。

它们去哪儿了呢?

和孩子们去了麻秸岸边。

潜潜鸟、黑鸦、秋沙鸭、海鸭、鹊鸭等不同品种的鸟都能长时间潜在水下。但潜鸟与它们相比更技高一筹。

与潜鸟在淡水中玩捉迷藏的游戏，让我这个自认为经验丰富、枪法精准的猎人，亲身领教了它的顽强、睿智和机敏。

这个精彩的故事你一定想听，现在，我就跟你聊聊。

我们一船三人——我和两个年轻的猎人，像往常一样，我坐在船尾。

我们已经捕捉了几只潜鸟并准备收网回家，这时飞来了一只潜鸟，我向它射击。

射是射到了，但它还是潜到了水中，即便它的翅膀已经受了伤。

我的两个同伴情绪激动了起来，怎么能就这样放它走呢，我们开起船向潜鸟潜逃的方向追了过去。

波罗夫斯克湖，水面很宽，中间有个小岛。水中的麻秸有的部分露出了水面。

我们要做的最后的一件事就是将潜鸟从岛上赶到麻秸处，也就是水域的中央。

一个人在船上端着枪等待时机，一旦它露出水面就射击，另外一个人负责划桨。

我的任务就是全神贯注地盯着水面，以帮助射击者搜寻目标。

令人遗憾的是，这只受伤的潜鸟太狡猾了，每次把头露出水面后，都是以极快的速度潜入水里。我们蹲守了半天，竟然找不到机会射击。

我们依然不肯放弃，不知过了多久，船头上枪声响起，"叭"、"叭"，但一无所获。枪声使受伤的潜鸟变得更小心了，小脑袋只是偶尔露出水面，露出的部分只有火柴盒那般大小。看来，想要捕获它是不可能了。

我们判断潜鸟应该还在刚才那片水域潜伏，于是一个同伴索性胡乱地用仅有的几颗子弹向水中射击。

他垂头丧气地坐了下来，这时坐在船尾的另一个同伴也拿起了双筒枪。

枪声再次响起，"叭叭！""叭叭！"仍然是一无所获。

他们把希望寄托在我身上，"就指望你了。"两个同伴对我说道。

我心想，我可不能像你们那样莽撞。

我说道："我就在船尾射击了，这里比较顺手。"

我给枪装上子弹，等待潜鸟再次露出水面。过了一会儿，潜鸟又从水中露出来吸气，这次它的背部也露出了一小块。

瞄准，射击——"叭"、"叭"，唉，真可惜，又让它跑了。以我多年的经验判断，应该射中的，为什么潜鸟偏偏逃过射击，莫不是有神灵保佑它？

我并没有泄气，又将子弹上好膛，再次等待时机。可不知潜鸟这会儿去哪儿了，我们三个人目不转睛地盯着水面。

湖水如明镜般清澈，这会儿风也停了，水面没有一丝波纹。

六只眼睛盯着湖面的动静。

一分钟过去了，两分钟，三分钟……时间一分一秒地过去了，湖面没有任何动静，大家明白了一件事：潜鸟有幸逃脱了。

看来想要抓住它是不可能了，我们已经到了湖中央，从这儿到岸边或到芦苇甸子都有一公里远。潜鸟已无处可藏，更何况它的翅膀还受了伤。

我们绕着湖行驶了一周，仍没有发现潜鸟的任何踪迹。

它会在哪儿呢？我们虽然被它折腾的有些疲惫，但头脑依然清醒——它不可能去别处。我们继续寻找。

时间在流逝，潜鸟仍然无踪影。

大家有些泄气了。

一会儿，一个同伴说道："不找了，咱们聊会儿吧。"

另一个人说："你们看，水面这样平静，它也许早已不在水中了。"

我想它不可能游回岸上，这不可能。

要么就是潜鸟已溺水死亡，不，不会的，哪有潜鸟被淹死的事。说不定是慌忙逃跑之中被水草缠住了它的脖子。

另一个人说道："也许——我们打中了它，所以沉水底了呗。"大家哈哈大笑了起来。

天气热得很，我感觉自己的嗓子都快冒烟了。

于是我说："你们两个先看着动静，我要喝点水。"

我放下手中的枪，侧身探过船舷，说："同志们，咱们还是回岸上去，这个小潜鸟真不简单，竟然能在三个猎手眼前逃之夭夭。就放它一条生路吧。"

就这么回家；说实在的，真觉得窝囊，我们起码要弄明白它到底是死是活，藏身何处啊。要不然晚上都睡不着觉。

我也无话可说了。

我们在这里又耐着性子等了半个小时。

最后，一个同伴说道："这么半天了，我们还是放弃吧，趁早……"

我打断了他的话："没准儿它哪儿都没去，要不我们再等会儿。"

"不等了，还有什么好等的呢。"

"嗯，咱们还是回家吧。"

"那好，"我说道，"咱们往回走，路过芦苇岸时咱们再找找看有没有潜鸟的踪迹。"

"那好，划船！"

我将船直接划到了芦苇岸边。

"现在就让我们看看我们的潜鸟在不在这里了。"

我放下船桨，身子探过船舷，用双手抓住了那只还活着的潜鸟。

我的同伴瞪大眼睛看着我。我把潜鸟拿到他们面前——它的翅膀只受了点轻伤。

我想，等它的伤口愈合后，翅膀会更加结实。潜鸟的捕获重新燃起了大家的激情。

这时我做了一个让大家意想不到的举动，我将潜鸟又放回了芦苇丛中，它潜进水中，消失了。

"哎呀，哎呀！你怎么把它给放了！"我的两个同伴说道，边说边拿起了枪，但他忘了枪中已没有子弹了。就这样，潜鸟消失在了芦苇丛里。

我后来去看过它，它在芦苇丛生活了大概有一周的时间，翅膀愈合之后，它就飞走了。

我扪心自问，这么聪明的潜鸟，真叫人喜欢，我怎么忍心剥夺它的生命呢？

后来，当我们去那块水域找潜鸟时，它总会游到我的身旁，和我们嬉戏，我们游到哪儿，它就跟到哪儿。

我还会探过船舷去取水喝，只是仍然猜不到，潜鸟在水下什么地方藏着。

这只是个故事，你可不要相信。

小老鼠比克流浪记

第一章　小老鼠变成航海家

哥哥用小刀把几块厚厚的松树皮割开，做成船身，妹妹用布做成船帆，装饰在小船上。兄妹俩决定把船放进河里去，而在最大的那只船上，正好还缺一根长桅杆。

"我们需要用一根直直的树枝做成桅杆。"哥哥说着，拿起小刀，钻进灌木丛林里去找他的桅杆。突然间，灌木丛里传来他高声的喊叫声："有老鼠！有老鼠！"妹妹立刻飞奔到他那儿去。

哥哥告诉她："我正在割树枝呢，它们就在里面叫了起来！你看，整整一群啊！有一只就在树根底下。你等着，我现在就把它……"他一边说着，一边用小刀割开树根，从里面拖出一只小老鼠来。

"哇，它真是好小啊！"妹妹诧异地惊呼，"真有这样的老鼠啊？还是黄色的？"

"这应该是一种田鼠，"哥哥向妹妹解释说，"每一种老鼠有自己名字，可是我不知道这一只应该叫什么。"

这时，那只小老鼠正好张开粉嘟嘟的小嘴，"比克"、"比克"地叫起来。

"比克！你听，它说它叫比克！"妹妹笑了起来，"你看啊，它耳朵上出血了。一定是你在捉它的时候，不小心把它给割伤了。它一定痛得非常厉害哩！"

"管它呢，反正我要杀掉它！"哥哥愤愤地说，"谁让它们总偷我们的粮食，我要把它们都杀光。"

"不，还是放它走吧！"妹妹恳求着哥哥，"它还这么小呢！"可是哥哥一直摇头："我要把它扔进小河里！"说完，就拿起老鼠向河边走过去。

女孩儿突然想到一个办法，大概可以救这只小老鼠一命。

"等等！"她喊住哥哥，"你知道吗？不如我们把它放在那艘最大的船里，让它独自做个旅行吧！"

哥哥同意了妹妹的办法，他想，反正小老鼠肯定会在河里被溺死的。再说，看到小船载着一个活旅客出行，倒是真的挺好玩的。

于是，他们装好船帆，并把小老鼠装进松树皮做的小船里，就放进河里去了。小船顺风而行，渐渐远离了河岸。

小老鼠比克一动不动地抓着干燥的松树皮，远处的孩子们还在岸上向它挥舞着手臂。

这时候，兄妹俩被家人叫了回去，走之前还看见只轻轻的小船，满满扯起风帆，消失在了河的转弯处。

"可怜的小比克，"直到他们回了家，小姑娘还在不停地念叨着，"风一定会把小船吹翻，结果比克会被淹死。"男孩子却一言不发，他心里在琢磨，怎么才能把谷仓里的老鼠都清理干净。

第二章　船真的翻了

小老鼠坐在松树皮做成的小船上在水面上漂荡。风鼓动着船帆，离开河岸越来越远了。周围浪花高高地翻涌。河面宽宽的，在小老鼠比克的眼里，这简直是个海哩。

比克出生还不足两周。连独自觅食也不会，更别提躲避敌人了。那一天，是鼠妈妈第一次带着它的宝宝们出窝散步。当男孩子吓唬它的时候，它还正在喂孩子们吃奶呢。比克只是一只没有断奶的幼鼠，把这样一只幼小的毫无防备能力的小老鼠，送上这样一段危险的旅行，可真是跟它开了一个恶毒的玩笑，这还不如杀了它来得痛快呢。

整个世界都在与它作对，狂风吹过，好像要极力吹翻小船；浪花猛烈地击打着小船，像是要把它吹翻到黑沉沉的河底去。周围所有的野兽、大鸟、鱼，还有那些大大的瓢虫，都在与它作对，每一种东西，对于这只无防备能力的小老鼠来说，都是极度危险的。

首先看到比克的是几只大白鸥，它们飞到小船上空，一个劲地绕圈子。因为它们怕飞下来撞到坚硬的树皮，不但没法子立刻要了小老鼠的命，却反倒来伤自己的嘴巴，于是只能不停恼怒地尖叫着。有几只白鸥还飞落到水面上，游在水里撵那条小船。一条梭鱼浮上水面，它也紧紧跟随着小船，等着看白鸥如何把小老鼠弄进水里，这样一来，它不费吹灰之力，就能享用到小老鼠了。

听见白鸥狡猾地尖叫着，比克干脆闭起眼睛等死。

正在这时，从后面突然飞来一只专门捉鱼吃的白尾鹕（hú）。白鸥一看到这只厉害的大鸟，立刻向四面八方逃走了。

白尾鹕看了看乘着小船的老鼠，又看了看尾随着小船游泳的梭鱼，突然收起双翅，向下俯冲。只见它猛地冲向小船。翅膀尖刮到了帆，小船马上给撞翻了。白尾鹕尖利的爪子抓紧梭鱼，当它费了好大劲儿带着猎物从水里飞起来的时候，那只被打翻的小船上面已经空空如也了。白鸥们远远地看着这一幕，都悻悻地飞走了。它们认为，小老鼠肯定已经淹死了。

比克从没学过游泳，可它一掉进水里，为了不想沉到水底，立刻本能地开始划动着四只小脚，谁知它这样就浮了上来，还一口咬住了船帮。和已经朝天的小船一起随波漂荡着，不一会儿，水流把小船送上了一段完全陌生的河岸，比克顺势跳上沙滩，迅速地躲进了灌木丛。

这可是千真万确的一起翻船事故，我们的小旅行家能够幸存，还真是得靠点好运哩！

第三章　可怕的黑夜

比克浑身都湿透了，它用小舌头舔着自己身上的湿毛，很快，身上就全干了，这让它身上有了些暖意。它想到灌木丛外面去找点儿东西吃，可是又不断听到河边传来白鸥尖利的叫声，小比克害怕得不得了，于是，就这样它一直空着肚皮等着。

终于，天色彻底暗了下来。鸟儿都进入梦乡，只有水中的浪花拍打着河岸，发出轻微的哗啦声。

比克轻手轻脚地爬出灌木丛。四处看了看，谁也没有注意它。于是，它滴溜溜地滚进草丛中，像个黑色的小炭球似的。

饿坏的比克开始不要命地找食物，只要是它碰到的，不管是草叶，还是草茎，它都抓过来拼命吸。草里面当然没有乳汁，它只好把叶茎都咬烂嚼碎。忽然，在一根草茎里，淌出一种很好吃的汁液，一直淌进它的嘴巴里。汁水非常甜美，就好像吮到了妈的奶一样。

比克很快就把这根茎吃完了，它想找和这棵一样的草茎来吃，它可真是饿得够呛。可是它找遍了整片草地，却再也没遇到一样的草了。

这时候，在又高又密的草丛上空，明朗的月亮圆圆的，挂在天空中。一个黑色的剪影在夜幕中悄无声息地飞过，那是只动作灵敏的蝙蝠，正在追捕夜色中漫游的蝴蝶。

草丛里，隐约能听到轻轻的吱吱喳喳声。有的东西在慢慢蠕动，有的在灌木丛里来回徘徊，有的在高高密密的草丛中跳来跳去。

比克还在不停地吃东西，它把草茎放倒在地上啃着，冰凉的露水从茎上淌到小老鼠身上。它发现草尖上长着一种小穗，味道挺不错，现在它找到真正的食物了，比克索性坐到地上，两只前爪像人的手一样捧起茎来，小穗被它飞快地啃光了。

"啪嚓"！在离小老鼠很近的地方，好像有个东西撞击着地面。

比克停止咀嚼，竖起耳朵听。草里继续传来"啪嚓"、"啪嚓"的响声。

"啪嚓"！现在连前面草堆的背面也传来了这种响声？"啪嚓"！听起来有个活物正在草丛里蹦跳，直奔小老鼠而来呢。比克想赶紧调头，钻回灌木丛里。

只听"啪嚓"一声，那东西又从后面跳过来。

"啪嚓"、"啪嚓"，很快每个方向都传来这种声音。

"啪"！现在这声音已经近在咫尺了。

一条伸展着的长腿在草丛上方一闪而过——啪的一声——在比克的眼前跳出一只长着圆鼓鼓的大眼睛的小青蛙。

突然"啪！"的一声，一只小青蛙，眼睛鼓鼓的，一下子落在草地上，恰巧落在了比克的鼻尖前。只见它惊慌失措地紧紧盯着小老鼠。小老鼠也又惊讶又恐惧地仔细打量它滑溜溜的皮肤……

它们就这样相对着呆呆地坐着，谁也不知如何是好。

周围继续响着"啪嚓！"、"啪嚓！"的动静，一整群小青蛙，刚从不知道什么地方逃命过来，在草丛里惊慌地蹦跳着。后面一种微弱而又急促的窸窸窣窣（xī xī sūsū）声，越传越近了。突然间，小老鼠注意到，紧跟在一只小青蛙身后，一条银灰色的、身子又长又软的蛇，正迅速地爬过来。蛇在地面上爬着，有只小青蛙长长的后腿，正在它大张的嘴巴里吓人地颤抖着。比克不敢再往下看，他匆忙地逃掉了。它现在正坐在一棵悬在半空中的灌木树枝上呢，连它自己也不知道，它到底是怎么爬上来的了。

接下来它在树枝上度过剩余的夜晚，它的小肚皮被草给磨得生疼呢。

现在，比克不用再为饥饿而发愁，它已经学会了独自觅食。可是，光靠他自己，又怎么能抵挡所有的天敌呢？

老鼠是一种群居动物，整个家族在一起比较容易抵挡敌人的入侵。不管是谁发现敌人来了，只要发出吱的一声报个信，老鼠群就能全部藏起来。

第四章　灵活的尾巴和保护色

比克独自一个实在太孤独了，它急需找到一个老鼠群，跟它们共同生活。怀着这个信念，比克再次出发去寻找。途中，只要它能办得到，它就努力地到灌木丛上面去。因为，草丛里的蛇非常多，吓得它都不敢在地上走。因此，它爬树的本事也越来越厉害了。它那又软又有韧劲的长尾巴真是没少帮它的忙，它凭借这只天生的钩子，勾住树枝，轻巧地在细细的枝条上爬上爬下，跟长尾巴猴比也丝毫不会逊色。

从大树枝爬到大树枝，从小树枝爬到小树枝，从一棵树到另一棵，比克连续三个夜晚就是这样沿着灌木丛爬过去的。

途中，比克并没有碰到其他老鼠。

可是灌木丛很快走完了，接下来就是草原。

草原里很干燥，蛇不会在这里活动。小老鼠的胆子变大了些，它也敢大白天出来走了。如今，它碰到什么吃什么，植物的种子和块茎、甲壳虫、大青虫、小虫。没多久，它又琢磨到了一种新办法来躲避敌人。

那天的事是这样的，比克正用后脚坐在地上，把一些硬壳虫的虫卵从地底下挖出来，细嚼慢咽着。那时候，阳光明媚地照耀着大地，周围的草里，蚱蜢蹦蹦跳跳，远远的草原上空，有只小野雁，可是比克一点儿也没担心，因为那只比鸽子还稍小一点儿的鸟，正纹丝不动地悬在半空中，好像是被一根绳子挂在天上似的，唯有它的翅膀，正在轻微的摆动，还有它头正不断地转来转去。

小老鼠并不知道，野雁有双多么锐利的眼睛。

比克坐起来的时候，露出白色的小胸脯，在褐色地面的映衬下，非常显眼。当比克意识到危险的时候，野雁已经猛地从空中俯冲下来，像只利箭一样射过来。逃跑已经来不及了，小老鼠吓得脚都软了，它把胸脯紧紧贴在地面上，动弹不得，吓得几乎失去所有意识。

可是，野雁明明已经飞到小老鼠身边，却又突然飞了回去，其实刚才，它的翅膀尖都快碰到比克了。野雁怎么也想不通，小老鼠跑哪儿去了，它明明刚才已经看到小老鼠的白得发亮的小胸脯，怎么又忽然间消失了呢。它眼都不眨地盯紧小老鼠刚才坐着的地方，可是只看见褐色的地面。

其实，比克仍然在原地没动，还没有离开野雁的视线。原来它背上的毛跟土地的颜色相仿，也是褐色的，从天空中往下看，谁也发现不了它。

这时，刚好有只绿色的蚱蜢从在草丛里蹦跳。野雁俯冲下来，抓住它飞走了。

原来是保护色救了比克的命。从那以后，比克一感觉到远处有敌人，就立刻把小身子贴在地面上，纹丝不动，保护色就会帮助它，即使最厉害的眼睛也发现不了它。

第五章　歌声动听的强盗（1）

就这样，比克天天在草地上跑来跑去，找遍了整个草原，连一个同类的痕迹都没发现。终于，它来到了一片灌木丛。那林子后面，竟然传出了非常耳熟的浪花拍打岸边的声音。

大个子小老鼠只好调头往另一个方向走去。就这样它跑了一整夜，清早才钻进一丛灌木，一躺下来就睡得死死的。

不知什么时候，它被一阵嘹亮动听的歌声给吵醒了。它在树上朝上看，看见一只红色的鸟儿，长着粉色的胸脯，灰色的脑袋，红咖啡色的背部。比克沿着草丛往红鸟的方向爬过去。

比克以为热爱歌唱的鸟儿应该不会伤害它，而这个小歌手顶多比麻雀大一点点。所以比克并不害怕它。

可是，单纯的小老鼠到哪儿去知道，这其实是一种伯劳科的鸟，虽然它们唱起歌来很动听，但是却有一副毒辣的心肠，总是想怎么干掉比它还弱小动物。

当比克知道这一切的时候已经太迟了，红鸟已经向它猛地扑了过来，用那又尖又硬的嘴巴，使劲敲击它的脊背。

比克从未受过这么厉害的攻击，它被打得一下子从树枝上滚了下来。

幸亏下面是软绵绵的草地，因此它并没有受伤。在红鸟还没有再次冲过来的时候，比克已经飞快地向树根底下逃跑了。

狡猾的红鸟没有来得及抓住已经钻进灌木丛的比克，它就在那守着，等着比克什么时候从树根底下偷偷摸摸向外看。

即使这只鸟儿的歌声再悦耳，小老鼠也不会再走近它们了。这时候，比克正躲在角落里把这只红鸟看得非清楚。

这个灌木丛的树枝上长满了又长又硬的尖刺。枝条中间，有许多已经死掉的枝条,有一块儿空出的平地,那里有已经烂掉的小动物、小甲虫和弱小幼雏的尸体。搞了半天,这竟是红鸟的一个露天储藏室。

如果比克在这时候从树根下面露出脑袋来,恐怕它现在也成了这个露天储藏室的储藏品了。

整整一天,红鸟都在寻找比克。直到黄昏的时候,它才回巢去睡觉。也就是在这个时候,小老鼠悄悄地从灌木丛下面爬了出来。

第五章　歌声动听强盗(2)

一只数学家狗坐在书桌前做加减乘除的运算,一只打猎的狗背着火枪和袋子用两只前腿行走,手里还牵着一只小狗——它的猎狗。

这是什么?是童话?还是梦境?

大个子

一只数学家狗坐在书桌前做加减乘除的运算,一只打猎的狗背着火枪和袋子用两只前腿行走,手里还牵着一只小狗——它的猎狗。还有几只狗跨坐在毛发蓬松的小马驹上疾驰。

一只猫正同几只老鼠上演着一幕滑稽剧,却并不去捕捉它们。

几只欢快、肥胖的海狮正互相传球。

一只大个头的袋鼠在同人玩摔跤。

这是什么?是童话?还是梦境?

两者都不是。

这是马戏——这是弗拉基米尔·格利高里耶维奇(小个子度洛夫)和他的四类演员们的表演。

弗拉基米尔·格利高里耶维奇同自己的动物们说话时语调和

善、平静。而所有的动物——从小不点儿狗、袖珍狗到庞大、笨重的大个子——都心甘情愿地、高兴地完成他的命令。

大个子就是大象，事实上它是一只母象。小丑称它为马克西（对大个子母象的称呼，与大个子公象马克斯的复数同音），可所有人都以为它是只公象，既然是只公象，那就应该称之"他"，而不是"她"，而它应该被称为马克斯，由此有了：马克斯加马克斯。

度洛夫得到这头大象时，它还是一头野性的、没被训练过的十岁小象。

现在它差不多已是一头成年大象了。它能像坐在椅子上那样坐在一个墩子上。它还能吹奏口琴并和着自己的节拍扭动。在乐队的伴奏下它能跳华尔兹。它是一位优秀的演员，能在用长鼻子卷着一只硕大的剃须刀的同时演出一整场剧：它刮胡子时，和真正的理发师没什么两样。当被戴上红色的制服帽，背上系上了左轮手枪的皮囊，脖子上挂了一只哨子，它就以警察的形象走上了舞台。

它能把一只不听话的小马——雪兰特马牵回家。

但大个子最美丽的角色是在节目最后。它走上舞台，就像一位骑士，在自己的主人面前恭敬地屈膝。当主人穿着银光闪闪的衣服走向它时，它就用长鼻子卷起他，然后起身，将银光闪闪的主人高高地抛向空中，然后在观众热烈的掌声中将他庄重地带离舞台。

这些都是度洛夫教它的。在教它时度洛夫一次也没打过它。

大个子最喜欢的朋友是一头名叫叶卡捷琳娜的漂亮骆驼。它们一起上台表演。当圆屋顶下响起了乐队平稳的乐声，大个子就用长鼻子挽起叶卡捷琳娜细细的小尾巴，这对笨拙的舞伴开始慢慢地、骄傲地跳起华尔兹。

当音乐声止，舞步也就停下来了。大个子和叶卡捷琳娜走向围栏，蜷起前腿坐下休息。

因为寂寞

　　大个子现在和叶卡捷琳娜分都分不开了，并且，当度洛夫辗转于各个城市之间时，大个子和叶卡捷琳娜总是并排行走。

　　有一次度洛夫和自己的四条腿的演员们来到了彼尔姆。大个子被牵出车厢，送入马戏场，拴在了马厩里，而叶卡捷琳娜没来得及被牵出来，它在火车里一直待到早晨。

　　度洛夫在宾馆里过的夜。早上他去马戏团时看到街上围了一大群小孩，孩子们的中央站着大个子，它正在欢快地甩着长鼻子。

　　原来，没有了叶卡捷琳娜，大个子很寂寞。

　　大个子夜里因为无聊就拆开了马厩的木墙，把所有板子摞成了一堆；然后又用长鼻子拱开了基座上的砖块——越狱了。

　　从那以后，只要大个子和叶卡捷琳娜一分开，它就会立马发疯，用鼻子拱开围栏和门，它那沉甸甸的大脚丫能把地板踩穿。简直是没有叶卡捷琳娜就活不下去！

第五章　歌声动听的强盗（3）

　　大个子特别会开玩笑。它体重 150 普特，换句话说，——差不多有 2500 公斤，也就是说，有 50 个人那么重。因此它的玩笑也是重量级的，这也不足为奇。

　　大个子被带到斯韦尔德洛夫斯克洗澡。它走进水里，感受到自由，开始高兴起来。

　　它把鼻子伸进水里，摸索着水底。它又扬起鼻子，看着人们，朝他们喷水！

　　这是干嘛！一阵沙雨，小石子组成的冰雹像霰弹一样撒向岸上的人们。人群开始四下逃散。

然而大个子却很满足：又把鼻子伸入水中，吸够水，开始向左、向右、向各个方向喷洒，水流就像从消防水管里喷出来的那样。

这可怎么办？怎么让这个淘气包停下来？当空中全是整块的鹅卵石夹杂着沙子，驯兽师怎么接近它？

但度洛夫决定了。

他勇敢地跳下水，石子在他周围簌簌飞过，每一颗都能把他的头砸出一个洞。

度洛夫从后面靠近玩疯了的大个子并抓住了它的耳朵。

大象比人强壮一千倍。它能用鼻子像折芦苇那样把人擩成两半，它还能用脚轻而易举地踩死人，像马踩死一只蟑螂那样。可是大象只屈服于勇敢的人，准确地说只屈服于小孩。

大个子一感觉到有人抓住了它的耳朵，它立马就胆怯了。胆怯了，就温顺地垂下了它那能要人命的长鼻子。

度洛夫就这样抓着它的耳朵牵着它上了岸。大块头一副做错事的样子由着他牵进了马厩。

大象害怕什么？

大个子老是爱摘下观众的帽子然后往嘴里送。有一次它从一位衣着考究的人手中夺走了一根红木裹银手杖。眨眼间它就折断了手杖往嘴里放。

而不久前在莫斯科，它的恶作剧差点就招致大祸。

首先，应该先来讲讲大个子也有害怕的东西，这倒挺令人惊奇的。

那么，体形庞大的大个子会怕谁呢？的确，大象们从不主动进攻任何人。它们是和平、善良的动物，野生大象在自己家乡茂密的丛林里会礼貌地给碰面的动物让路，甚至还给小动物让路。

它只进攻那些激怒它的、不友善的人。甚至连强大、凶猛的野兽——老虎——也不敢得罪它。

这就是令人奇怪的地方：所有的大象都怕一些小小弱弱的动物。这些弱小的动物连猫都能轻易将其制服——比如老鼠。

大象不仅怕大老鼠，还怕小老鼠。

如果养兽场内有老鼠游荡的话，大个子是无论如何也不会躺下睡觉的。它会站着打盹，哪怕这样连续站一个月。这自然不利于它的健康。

当然，大象是可以一下子就杀死老鼠的。但事情是不会一直顺风顺水的。

当您看到大象时，请注意看它的腿。

它的腿就像大柱子一样，每条腿的前端是脚趾，好像还有脚趾甲。印度象的前掌上有五个脚趾，后面的脚掌上每个都是四个脚趾。

这实际上是指甲或者爪子。大象还有手指：前掌有五根手指，后掌上有四个。只是手指都藏在大象的皮里，我们看不见。

大象的腿从上到下被厚实的皮包裹着。只有脚底的皮比较细腻、柔嫩。

大象站立时，它的脚掌就受到保护，它躺下时，脚掌就露出来了。任何一只小老鼠都能钻到它的脚趾深处，让它感到发痒，甚至用小牙齿咬那里的嫩皮，这时大象就会流血。

因此大象很怕老鼠这种啮齿类动物。

第五章　歌声动听的强盗（4）

你搭乘过昆虫界的顺风车吗？你知道虾在哪儿过冬吗？森林里长翅膀的居民，都住在什么样的房子里？原野上的乐家们，又都是用什么"乐器"奏响欢快的音乐？

第一次打猎

有一天，小狗儿在院子里追着鸡，追了好一会儿，累坏了，又觉得好无聊。

小狗想：不如我到外面去打猎吧，去抓些野兽和小鸟，那一定比在院子里抓小鸡有趣多了。

于是，它从大门底下钻到外面，来到草地上。

在草地上活动的野兽、野鸟和昆虫看见了它，都各自打起主意。

拜鸟想：哈，小狗，我可不能让它吃掉我，我要蒙它一下！

戴胜鸟想：我得让它大吃一惊！

蚁裂（liè）鸟想：我要吓吓它！

小蜥蜴想：惹不起，我还躲得起！

甲虫、青虫、蝴蝶、蚱蜢们想：我们要藏起来，让它看不到我们。

椿（chūn）象虫也想：我要用排出来的臭液把它赶走！

它们各自在心里想好了对策。

这时候，小狗已经迅速地跑到了小湖边，拜鸟站在芦苇旁，一只脚踩进浅水里，水刚没到它的膝盖。

"我要马上捉住它！"小狗准备扑到拜鸟的背上。拜鸟瞅了它一眼，一步迈进了芦苇丛。

风从湖面吹过，只见芦苇摇来摇去。

向前一摇——向后一摆，

向前一摇——向后一摆。

小狗只觉得眼前有一道道黄色和咖啡色的条纹在晃动。

向前一摇——向后一摆，

向前一摇——向后一摆。

拜鸟的身体与身后的芦苇丛逐渐融为一体，它那修长的身子上，布满了一道道黄色和咖啡色的条纹。

它站在那儿，不停地摇晃。

向前一摇——向后一摆，

向前一摇——向后一摆。

小狗眼睛瞪得大大的，仔细看呀、看呀，可是怎么也分辨不出哪儿是芦苇，哪儿是拜鸟。

"哎！"小狗心想，"拜鸟蒙住了我，可我总不能就这样傻傻地往芦苇丛里跳啊，我还是去捉别的鸟吧！"

于是小狗又跑到一座小土丘上，看见戴胜鸟正蹲在地上玩弄着自己的冠毛，时而张开，时而合上。

小狗想：啊，我可以从小土丘上跳下去把它抓住！

可是哪里知道戴胜鸟往地上一趴，伸展开翅膀，张开尾巴，把嘴巴往上一翘——小狗简直觉得自己花了眼，因为它突然发现戴胜鸟不见了，只见地上铺着一块小花布，花布上斜插着一根针。

小狗不禁大吃一惊，戴胜鸟哪儿去了，难道说我把这块小花布当成了戴胜鸟了？哎，看来我只能去抓别的小鸟了。

小狗又跑到一棵大树边上，看见一只小蚁裂鸟在树枝上蹲着，小狗猛地向蚁裂鸟扑了过去，蚁裂鸟一下子钻进了树洞。

"哈！"小狗心想，"这下我你可逮住了！"它用后腿支撑着站起来，伸长脖子向树洞里看去，只见黑糊糊的树洞里，有一条黑蛇盘曲在里面，发出可怕的嘶嘶声。小狗吓得忙往后一缩，浑身的毛都竖了起来，撒腿就跑。

树洞里的蚁裂鸟朝小狗逃跑的背影得意地嘶嘶叫唤，脑袋转来转去。它的背上长着黑色的羽毛，身子扭成奇怪的模样，就像一条可怕的蛇。

"呸，吓死我了！差一点儿来不及逃跑。我可不想捉鸟了，还是去捉一只蜥蜴吧。"

此时，小蜥蜴正趴在一块石头上，悠闲地闭着眼睛晒太阳。

小狗悄悄地走到它跟前，纵身扑过去，一口把它的尾巴咬住了。哪知蜥蜴一下就挣脱了小狗，一转眼就钻到石头底下，只把尾巴留在小狗的嘴里。

叼在小狗嘴里的那半截尾巴，还一个劲儿地动弹呢！小狗从鼻子里哼了口气，吐掉了尾巴又去追蜥蜴，可是哪儿还能追的上呢！蜥蜴早就躲在石头底下了，它还要忙着长出一条新的尾巴哩！

小狗沮丧地想，"算啦，就连蜥蜴都能从我手里逃掉，我还是去抓昆虫吧！"

它仔细地向四周环视了一番，只见甲虫在地上跑着，蚱蜢在草里跳跃，青虫在树枝上爬行，蝴蝶在空中飞舞。

小狗扑过去想捉住它们，可是眨眼间，就像变魔术一样，虽然一只昆虫也没有离开这里，可是所有的昆虫都找不到了，它们一瞬间全都躲了起来。

绿色的蚱蜢把自己藏进了绿色的草里，树枝上的青虫挺直身体一动也不动，要把它和树枝区分开，简直一点儿办法也没有。蝴蝶落在树干上，把翅膀一合，谁也分不清哪儿是树皮，哪儿是树叶，哪儿是蝴蝶。

只剩一只小小的椿象虫在地上慢慢地爬，它既不躲，也不藏。小狗立刻追上它，张开嘴巴就想咬，哪知椿象虫站住了，朝小狗喷出一股奇臭无比的液体，刚好喷到小狗的鼻子上！小狗尖声怪叫起来，夹着尾巴转身就跑，一路跑过草地，钻进了大门。

从这之后，小狗老实了很多，它藏在狗窝里，甚至连鼻子都不敢往外伸了。

野兽、野鸟和昆虫又开始各自忙碌着自己的事情了。

第五章　歌声动听的强盗（5）

　　你是否听到，森林里正在演奏的美妙绝伦的音乐声？

　　当你听到这乐声，一定会觉得，所有的飞禽走兽，是天生的歌唱家和音乐家。

　　可能真的是这样，因为大家都喜欢音乐，都爱唱歌，但并不是每一位都有一副能唱歌的嗓子。

　　那么，就请听听，那些没有嗓子的飞禽走兽是怎么唱歌的。

　　深更半夜，湖边传来了青蛙的歌声。

　　它们从水里伸出头来，鼓起耳朵后面的气泡，张开嘴巴……

　　"呱啊，呱啊！……"空气立刻从它的嘴巴里一个劲儿地往出冒。

　　村里的鹳（guàn）鸟听见了，高兴地说：

　　"这下可以饱餐一顿啦，还是一个合唱团呢！"

　　于是它飞到湖边去吃早餐。

　　它飞过来，落到了湖边，心想："难道我比青蛙差吗？它们嗓子不好也能唱歌。我也来试试看吧。"

　　于是鹳鸟抬起长长的嘴巴，用上半张嘴巴敲下半张嘴，声音时高时低，时缓时急，宛转悠扬。这哪里是敲响板，简直就是美妙的乐章。它陶醉着，早已忘记了早餐的事情。

　　单脚站在芦苇丛中的大麻鳽（lù）听见了，它一边听，一边想："我没有嗓子，不过，鹳鸟也没有，它却可以演奏出这么美妙的曲子！"

　　它冥思苦想，终于想出了一个办法。它说："那我就试试用水来演奏吧！"

　　于是它把嘴巴伸进湖水里，含了满满一嘴巴水，然后拼命一吹。只听见湖面上传了很大的嗡嗡的声音：

"普龙母伯，布，布，布母！"活像是牛在高吼。

"这曲子还真是好听。"树林里的啄木鸟听见了大麻鹭的歌声，它想："我也来找个乐器吧！——何不用嘴巴做鼓槌，用树木来做鼓呢？"

于是啄木鸟把尾巴支在树干上，身子往后仰着，摇晃着脑袋，用嘴巴敲起树干来。

美妙极了，真像诗里写的那样——大珠小珠落玉盘。

一只长着很长胡须的甲虫从树皮下爬出来。

它也把自己的脑袋摇来摇去的，于是黄色脖颈发出细细的唧唧声。

长胡须的甲虫在歌唱，可是谁也听不见——等于白费气。不过它是可以自我欣赏的！

一棵大树下，一只雄蜂从窝里爬出来，飞到草地上去唱歌。

它在草地上围着一朵美丽的花飞舞着，坚硬的翅膀发出动听的声音，像是音乐中的和弦。

雄蜂的歌声唤醒了草丛里绿色的蝗虫。

蝗虫开始调整它的小提琴。它的小提琴就在翅膀上，翅膀上有锯齿，膝盖朝后的后脚是弓子，后脚上有小钩。

蝗虫用后脚摩擦腰部，锯齿被小钩一刮就唧唧地响起来。

草地上有许许多多的蝗虫，它们一起演凑，活像一个管弦乐队！

"棒极了，"草墩下长嘴沙锥鸟想道，"我也来唱首歌曲吧，可是怎么唱呢？我的嗓子不能唱，嘴巴不能唱，脖子不能唱，翅膀不能唱，脚不能唱……嘿！不管那么多了！我干脆先飞起来，既然我想唱歌，那总要想个能唱的办法！"

沙锥鸟从草堆下跳出来，一翻身飞起来，直入云霄。它把自己的尾巴展成扇子一样的形状，张开翅膀，在高空中盘旋飞翔。当它嘴巴朝地往下飞行的时候，就像从高处扔下的小木块。它用头冲开空气，尾巴里薄薄窄窄的羽毛不停地波动。

地面上听到的声音就像几只绵羊在咩咩地叫。那是婉转的音乐声。

这是沙锥鸟在歌唱。

可你知道，它用什么唱歌吗？

用尾巴！

第五章　歌声动听的强盗（6）

苍蝇飞到人面前说："你是万物之王，什么都能做。那你就给我做一条尾巴吧！"

人问："你要尾巴来做什么呢？"

"我要个尾巴，为了好看呗！"苍蝇说，"其他的动物都有尾巴，不也就是为了好看吗？"

"我还从没有听说过哪种野兽长尾巴只是为了好看的。再说你没有尾巴，活的也不错啊。"

苍蝇听了，生气了，就开始使坏。它一会儿落在甜点心上，一会儿落在人的鼻子上，一会儿在人的左耳旁嗡嗡叫，一会儿在人的右耳旁嗡嗡叫，真是烦死了！人被它吵得实在忍无可忍了，就对它说：

"唉，好了，苍蝇，你就飞去树林里，飞去河边去，飞去田野里去吧！你去找找，要是你在哪儿能找到一种尾巴只是为了好看而长的飞禽走兽或者爬虫，那你就可以把它的尾巴拿走，我允许你去拿！"

苍蝇听了高兴极了，立刻从小窗户飞了出去。

它飞进花园，看见一只蛞蝓（kuò yú）在树叶上爬，就飞到蛞蝓跟前，大声叫道："蛞蝓，你长这条尾巴只是为了好看吧？把你的尾巴送给我吧！"

"你说什么呢！你说什么呢！"蛞蝓说，"我是腹足动物。我根本没有尾巴，这是我的肚子。我把肚子一伸一缩，一伸一缩，就能往前爬了。"

苍蝇发现自己搞错了，它又往前飞去。

它来到小河边，发现河里的小鱼小虾都有尾巴。苍蝇对小鱼说："长尾巴只是为了好看的，把你的尾巴给我吧。"

"不，才不是为了好看呢！"小鱼回答，"我的尾巴是帮我掌握方向的舵。当我要往左拐弯的时候，我就会把尾巴往左边摆；当我要往右拐弯的时候，我就会把尾巴往右边摆。我绝对不能把尾巴送给你。"

苍蝇又对虾说："虾啊，把你的尾巴送给我吧！"

"我不能给你，"虾说，"我的尾巴就好比小船的桨。我的脚又细又弱，我不能用脚游泳的。尾巴就宽大有力多了，我用尾巴一拍，我的身子就会往前一弹。拍着，拍着，我就能往前游了。想游去哪里，就游去哪里。"

苍蝇无可奈何地又继续往前飞。它飞进树林，看见树枝上蹲着一只啄木鸟。苍蝇飞过来对啄木鸟说："啄木鸟，你长这条尾巴，是为了好看吧，把你的尾巴送给我吧？"

"你说这话真是奇怪！"啄木鸟回答，"我要是没有了这条尾巴，还怎么凿树干，还怎么给自己找虫子吃呢，还怎么给孩子们建造房子呢？"

"你用嘴呗。"苍蝇说。

"嘴当然是要用的啊，"啄木鸟说，"不过，没有尾巴也是不行的，喏，你来看，我是怎样凿开树干的。"

啄木鸟把又硬又结实的尾巴支撑在树皮上，把整个身子一晃，嘴对着树干就猛凿了下去，只见木屑一阵乱飞！

苍蝇一看，确实，啄木鸟凿树的时候，就是坐在尾巴上。它是不能离开尾巴的，尾巴是它的支撑。

苍蝇又往前飞去。它看见矮树丛里，有一只母鹿带着几只鹿宝宝。鹿妈妈的尾巴很短，毛蓬蓬的，白色的。

苍蝇嗡嗡地叫了起来："鹿妈妈，把你的短尾巴送给我吧！"

鹿妈妈听了大吃一惊："天啊，你在说什么！你在说什么！如果我把尾巴给了你，那我的鹿宝宝就都得被人偷走。"

"你的尾巴对鹿宝宝有什么用处啊？"苍蝇很是纳闷地问道。

"当然有用了，"鹿妈妈说道，"如果有狼来了，我们得藏起来，就往树林里跑。我的宝宝就紧跟在我的后面，在许多树木当中，当它们看不见我的时候，我就摇一摇短小的尾巴，就像挥舞着白色的手帕，快往这边跑啊，往这边！它们看见前面有个白东西一闪一闪，就紧紧地跟在后面跑。这样，我和宝宝就都可以成功地逃命了。"

没有办法，苍蝇只好继续往前飞。

它飞了一会儿，遇到一只狐狸。呵，狐狸的尾巴真是漂亮呀！火红火红，蓬蓬松松，真是漂亮极了！

"太好了，"苍蝇心想，"这条漂亮的尾巴这回准得归我了。"

于是，它飞到狐狸跟前去叫道："把尾巴给我！"

"苍蝇，你这是在说什么呀！"狐狸说，"我要是没有尾巴了，我还能活吗？要是没有尾巴，猎狗追我的时候，一下子就能捉住我。我可是靠了这条尾巴，才能轻松地把狗给骗过去的。"

"哦，你是怎么用尾巴来欺骗狗的呢？"苍蝇有些不解。

"当狗快要追上我的时候，我便甩尾巴！我把尾巴往右甩，自己往左逃。狗看见我的尾巴往右甩，就往右追。等它明白被我骗了的时候，我已经跑远了。"

苍蝇在外面转了好久都没有收获，它看到所有动物的尾巴都有自己的用途，无论是在树林里，还是在河水里，都没有多余的尾巴。没有办法，苍蝇只好飞回家去了。

它想：我还是回家找人吧，我去给他捣乱，闹得他心烦了，那他就会给我做一条尾巴了。

人正坐在小窗前，眼睛望着院子。

苍蝇"嗡嗡"地飞过来落在人的鼻子上。人"啪"的一巴掌，没有打到苍蝇却把自己的鼻子打了，苍蝇已经飞上了他的脑门。人又"啪"的一巴掌，又没有打到苍蝇却打在了自己的脑门上，苍蝇又飞回鼻尖上去了。

人说："苍蝇，你少给我捣乱了！"

"我就是不走。"苍蝇嗡嗡地说，"谁让你戏弄我呢，故意让我去找没有用的尾巴？所有的动物我都问过了——它们的尾巴都是有用的。"

苍蝇总是不停地纠缠着人，人实在太讨厌苍蝇了。他想了想说："苍蝇，苍蝇，你看院子里有一头牛，你去问问它，看它的尾巴是做什么用的，是不是可以送给你。"

"好吧！"苍蝇说，"我再去问问牛，要是牛也不肯把尾巴送给我，人，我不把你烦死才怪呢！"

苍蝇飞出小窗，落在了牛背上，一个劲儿嗡嗡地叫："牛呀，牛呀，你用尾巴来干什么呢？牛呀，牛呀，你用尾巴来干什么呢？"

好半天，牛什么也没说。突然，它把尾巴往自己背上一抽，恰好打中了苍蝇。

苍蝇摔了下去，六脚朝天断了气。

人说："苍蝇，你这就叫自作自受，你不该跟我捣乱，也不该跟其他动物捣乱，你太让人讨厌了！"

第五章　歌声动听的强盗（7）

小蚂蚁沿着树干往上爬，它爬到白桦树树顶上，往下一看，地上，它的家——小小蚁穴——隐约可见。

蚂蚁坐一片树叶上，心里想：

"我先休息会儿，再爬下去。"

要知道，蚂蚁家族的规矩是很严格的，当看到太阳刚刚偏西的时候，所有的蚂蚁就都得跑回家。等到太阳落山，蚂蚁就把蚁穴的出口封起来，睡大觉。

谁要是回来晚了，就只能留在外面过夜。

可是这时，太阳快要落到森林后了。

蚂蚁坐在树叶上，心想：

"没关系，我还来得及赶回去的，因为往下爬很快的。"

谁知蚂蚁坐的这片树叶是黄色的枯叶——真糟糕，一阵风吹过，把树叶从树上吹了下去。

树叶随风飘呀、飘呀，飘过河流，飘过村庄。

蚂蚁趴在这片树叶上飞着，摇摇晃晃，差一点没被吓死。

风把这片树叶送到村庄后边的一片草地上，然后就丢下它不管了。树叶跌落在石头上，蚂蚁的脚摔伤了。

它躺在地上想：

"这下子完蛋了。现在回不去家了。四周都是平平整整的草地。如果我身体好好的，那我可以马上跑回家，倒霉的是脚痛呀。真烦啊，恨不得想咬地面几口呢。"

蚂蚁看见一只尺蠖趴在他身旁。尺蠖（huò）看上去和软体虫差不多，只是前面有脚，后面也有脚。

蚂蚁对尺蠖说：

"尺蠖，尺蠖，把我送回家吧！我的脚疼。"

"你不咬我么？"

"不咬。"

"那你就骑在我身上吧，我把你送回去。"

蚂蚁爬到尺蠖背上。尺蠖把身子一弓，后脚靠近前脚，又把尾巴靠近脑袋。然后突然把身子一挺，像根棍子似的躺在地上。它像根尺似的把地量了一下，又把身子弯成弓形。它就这样一边量着，一边向前爬去。蚂蚁忽上忽下——一会儿往地下落，一会儿向天上飞；一会儿头朝上，一会儿头冲下。

"我不行啦，受不了！"它喊起来，"停下来吧！不然，我咬你！"

尺蠖停下来，挺直身子趴在地上。蚂蚁从它身上爬下来，总算松了口气。

它看了看周围，看见前面是一片草地，草地刚被割过草。一只盲蛛在草地上慢慢地走着：它的腿就像高跷似的，脑袋在腿之间摇摇晃晃。

"盲蛛，盲蛛，你把我送回家吧！我的脚疼。"

"好吧，骑在我背上，我把你送回去。"

于是，蚂蚁只好顺着盲蛛的脚往上爬到膝部，从膝部又往下爬到盲蛛背上：盲蛛的膝部翘得比背还要高。

盲蛛开始挪动它的高跷——一只脚在这里，一只脚在那里；八条腿像轮辐似的在蚂蚁眼前闪动。可是盲蛛走得很慢，肚皮擦地。蚂蚁对这样的旅行感到腻烦，急得就差咬盲蛛一口。这时候它们走上了平坦的小路盲蛛停下来，说：

"下去吧！喏，那边有一只步行虫在跑，它跑得比我快。"

蚂蚁下去了，叫道：

"步行虫，步行虫，我的脚疼。送我回家吧！"

"骑上来吧，我把你送回去。"

蚂蚁刚爬上步行虫的背，步行虫就开始跑起来！它的步履均匀，像马一样。这匹六条腿的马跑啊，跑啊，小蚂蚁骑在上面一点儿也不觉得害怕，就像在空中飞行一样。

一眨眼的工夫，它们就跑到了马铃薯地。

"现在你下去吧！"步行虫说，"我这样的腿不知道怎么在马铃薯地里跑。你另找一匹马吧。"

蚂蚁只好从步行虫上下来了。

在蚂蚁看来，马铃薯茎叶就像一片茂密的森林。即使脚不痛，也得跑一整天。可是太阳已经快落山了。

突然，蚂蚁听见"唧唧"的叫声。

"蚂蚁，我跳着送你回家，你爬到我的背上来吧。"

蚂蚁回头一看，原来身旁站着一只跳甲，看上去只有那么一点点大，蚂蚁真怕自己一爬上去就把它压扁了。

"你驮不动我的。你太小了！"

"可是你的个儿也不大呀！听我的，爬上来吧！"

蚂蚁费了好大劲儿爬到跳甲背上，好不容易把脚放好了。

"上来了吗?"

"上来了。"

"那坐稳了啊。"

跳甲的后脚像可以折叠的弹簧一样，它把粗粗的后脚放在自己身底下，然后"腾"地一下伸直。看，它已经蹲在菜垄上了。"腾"——到了另一条菜垄上。"腾"又到了第三条菜垄上。

它就这样跳过了整个菜园，"腾！腾！腾！"一直跳到围墙边。蚂蚁问道：

"围墙你能跳过去吗?"

"围墙太高了，我可跳不过去。你去求蚱蜢吧，它能跳过去。"

"蚱蜢，蚱蜢，把我送回家吧！我的脚疼。"

"骑在我的后颈上吧。"

于是蚂蚁骑到蚱蜢的后颈上。

蚱蜢先是把长长的后腿一折，然后猛伸直，像跳甲一样高高地蹦到空中。这时它伸开背后的翅膀扑扑地扑扇动着，很快就把蚂蚁送过围墙，轻轻放在地上。

"停下来吧！"蚱蜢说，"到地方了。"

蚂蚁一看，前面是一道河——让它自己游的话，就是游一年，也不游过去。

这时，太阳比刚才更低了。

蚱蜢说：

"我是跳不过去的。河太宽了。你等一等，我把水虿给叫来，让它把你送过河。"

蚱蜢发出一阵独特的叫声。很快，一只有脚的小船在水面上划过来了。

到了跟前，再一看，哦，原来不是小船，是水虿。

"水虿，水虿，我的脚疼你送我回家吧！"

"好吧，骑上来吧，我送你回家。"

蚂蚁骑到水虿背上。水虿先蹦了个高，然后好像走在平地上似地，在水面上"走"起来了。

这时，太阳更低了。

"亲爱的水虿，请你快一点吧！"蚂蚁央求道，"我要是回去晚了，就进不去家门了。"

"好，那就快一点，"水虿说。

它说着，就拼命跑起来！小腿儿一蹬一蹬，像滑冰似地在水面上滑行，很快就到了对岸。

"你能在陆地上跑么？"蚂蚁问道。

"我在陆地上走路是很困难的，脚滑不动。再说，你看，前面是树林。你另外找一匹马。"

蚂蚁看看前面，只见河边是一座大森林，高耸入云。太阳已经隐没在森林后了。不行啦，蚂蚁来不及回家了！

"看啊，"水虿说，"那不是有一匹马么？"

蚂蚁一看：一只身体笨重的甲虫——五月金龟子正从身边爬过。骑这样一匹马能跑多远呢？过，它还是听了水虿的话。

"金龟子，金龟子，我的脚疼。把我送回家吧！"

"你住在哪里啊？"

"在树林后面的蚂蚁洞里。"

"路还远着哩……我怎么送你呢？这样吧，骑上来吧，我送你回去。"

蚂蚁爬上了金龟子硬邦邦的背。

"骑好没有？"

"好了。"

"你骑在什么地方啦？"

"背上。"

"哎呀，不行！爬到头上来吧。"

蚂蚁爬到金龟子头上。幸亏它没有继续骑在金龟子背上，因为金龟子把背分成两半了，——两片坚硬的翅膀张开。金龟子的翅膀就像两只翻过来槽子，从底下又伸展出两片薄而透明的小翅膀，这两个小翅膀比上面的翅膀宽一些、长一些。

金龟子喷起气来，鼓起翅膀："突！突！突！"好像开动马达一样。

"金龟子叔叔，快一些！"蚂蚁央求道，"拜托啦，快一些！"

金龟子不回答，只顾喷气：

"突！突！突！"

忽然，薄薄的小翅膀颤抖着扇动起来。——嗡嗡嗡！咚咚咚！金龟子升到了空中。它像软木塞似的，被风向上一抛，抛得比森林还要高。

蚂蚁从上面看见：太阳的边缘已经碰着地了。

金龟子飞得好快呀——蚂蚁连气都喘不过来了。

"嗡嗡嗡！咚咚咚！"金龟子飞着，像颗子弹一样冲破空气。

森林在身下一闪，不见了。

现在又可以看见那棵熟悉的白桦树了，还有白桦树下的蚂蚁穴。

金龟子飞到白桦树顶，就关掉了马达，"啪！"金龟子降落在一棵树枝上。

"亲爱的金龟子叔叔！"蚂蚁央求道，"我怎么下去呢？跳下去会把脖子摔断的。"

金龟子把薄翅膀叠在背上，把两片坚硬的槽子扣在薄翅膀上，把薄翅膀梢整整齐齐地缩到槽子下。

金龟子想了想，说：

"我可不知道，你该怎么下去。我不想飞到蚂蚁窝上去：你们蚂蚁咬起人来太啦。你自己想想办法！"

蚂蚁看看下面，自己的家就在白桦树下。

它在看看太阳：太阳已经齐腰落到了地平线下。

它看了看四周。四周除了树枝，就是树叶；除了树叶，就是树枝。

蚂蚁回不了家，它真想不顾死活地跳下去算啦！

但这时，它突然看旁边一片叶子上，有一只卷叶蛾的幼虫，正在吐丝，它不断地吐呀、吐呀，往树枝上缠绕。

"青虫，青虫，把我送回家吧！我要来不及了，——回去晚了，我就进不去家门，不能睡觉了。"

"别跟我捣乱！没看我在干活儿——在纺纱吗？"

"别人都同情，都没有拒绝帮助我，你是第一个这样对我的！"

蚂蚁气得扑到青虫身上就咬！

吓得青虫小脚爪一缩，一个跟头从树叶上翻了下去。

蚂蚁挂在它身上——紧紧地抓着它。不过，它们往下掉的时间并不长——上面有什么东西一下子把它们拉住了。

于是它们俩就吊在一根丝上摇摆起来——丝的另一头缠在树枝上。

蚂蚁攀在青虫身上摇来摇去，好像荡秋千一样。从青虫肚子里吐出来的丝越拖越长，越拖越长，而且怎么拉长也不断。蚂蚁和青虫一起越降越低。

这时，在下面的蚁穴里，蚂蚁们正忙不可开交，在匆匆忙忙堵口。

所有的洞口都已经堵上了，只剩下最后的一个。蚂蚁从青虫身上跳下来，一头钻进去了！

太阳落山了。

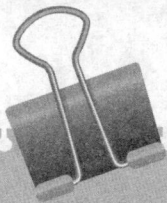

阅读笔记

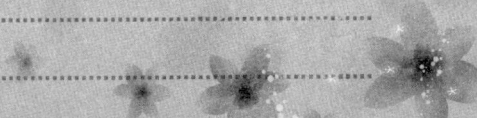

阅读笔记

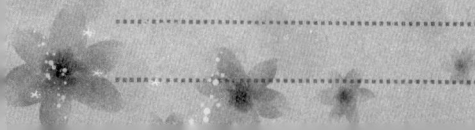

阅读笔记

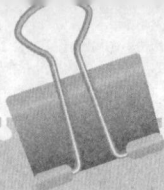

阅读笔记

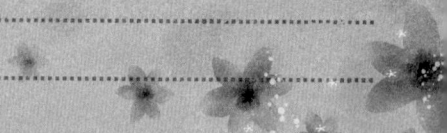

读后感

读后感